北京市科学技术协会科普创作出版资金资助项目

我是工程师科普丛书

弧光闪耀

焊接就在你身边

李桓　高莹　向婷　敖三三　吴满鹏　罗震

编　著

机械工业出版社

CHINA MACHINE PRESS

本书系统地介绍了焊接技术的发展历史、基本原理、典型工艺与现阶段的先进技术。全书以图做架，以文为结，语言简单明了，趣味性强，能够引起读者好奇心和探索欲。同时，本书部分章节配以相关视频，将"焊接"领域的基本知识生动形象地展示出来，内容介绍深入浅出，方便读者理解和阅读。

本书适合对焊接感兴趣的青少年阅读，也适合非专业人士探索焊接领域阅读。

图书在版编目（CIP）数据

弧光闪耀：焊接就在你身边/李桓等编著. —北京：机械工业出版社，2021.7
（我是工程师科普丛书）
北京市科学技术协会科普创作出版资金资助项目
ISBN 978-7-111-57992-2

Ⅰ.①弧…　Ⅱ.①李…　Ⅲ.①焊接工艺－普及读物　Ⅳ.①TG44-49

中国版本图书馆CIP数据核字(2021)第122762号

机械工业出版社（北京市百万庄大街22号　邮政编码100037）
策划编辑：郑小光　责任编辑：郑小光　杨　璇　罗晓琪
责任校对：李　伟　责任印制：李　楠
北京宝昌彩色印刷有限公司印刷
2021年9月第1版第1次印刷
169mm × 225mm · 11印张 · 142千字
标准书号：ISBN 978-7-111-57992-2
定价：68.00元

电话服务　　　　　　　　　　网络服务
客服电话：010-88361066　　机 工 官 网：www.cmpbook.com
　　　　　010-88379833　　机 工 官 博：weibo.com/cmp1952
　　　　　010-68326294　　金 书 网：www.golden-book.com
封底无防伪标均为盗版　　　机工教育服务网：www.cmpedu.com

丛书序

回顾人类的文明史，人总是希望在其所依存的客观世界之上不断建立"超世界"的存在，在其所赖以生存的"自然"中建立"超自然"的存在，即建立世界上或大自然中尚不存在的东西。今天我们生活中用到的绝大多数东西，如汽车、飞机、手机等，曾经都是不存在的，正是技术让它们存在了，是技术让它们伴随着人类的生存。何能如此？恰是工程师的作用。仅就这一点，工程师之于世界的贡献和意义就不言自明了。

人类对"超世界""超自然"存在的欲求刺激了科学的发展，科学的发展也不断催生新的技术乃至新的"存在"。长久以来，中国教育对科技知识的传播不可谓不重视。然而，我们教给学生知识，却很少启发他们对"超世界"存在的欲求；我们教给学生技艺，却很少教他们好奇；我们教给学生对技术知识的沉思，却未教会他们对未来世界的幻想。我们的教育没做好或做得不够好的那些恰恰是激发创新（尤其是原始创新）的动力，也是培养青少年最需要的科技素养。

其实，也不能全怪教育，青少年的欲求、好奇、幻想等也需要公众科技素养的潜移默化，需要一个好的社会科普氛围。

提高公众科学素养要靠科普。繁荣科普创作、发展科普事业，有利于激发公众对科技探究的兴趣，提升全民科技素养，夯实进军世界科技强国的社会文化基础。希望广大科技工作者以提高全民科技素养为己任，弘扬创新精神，紧盯科技前沿，为科技研究提供天马行空的想象力，为创新创业提供无穷无尽的可能性。

中国机械工程学会充分发挥其智库人才多，专业领域涉猎广博的优势，组建了机械工程领域的权威专家顾问团，组织动员近20余所高校和科研院所，依托相关科普平台，倾力打造了一套系列化、专业化、规模化的机械工程类科普丛书——"我是工程师科普丛书"。本套丛书面向学科交叉领域科技工作者、政府管理人员、对未知领域有好奇心的公众及在校学生，普及制造业奇妙的知识，培养他们对制造业的情感，激发他们的学习兴趣和对未来未知事物的探索热情，萌发对制造业未来的憧憬与展望。

　　希望丛书的出版对普及制造业基础知识，提升大众的制造业科技素养，激励制造业科技创新，培养青少年制造业科技兴趣起到积极引领的作用；希望热爱科普的有识之士薪火相传、劈风斩浪，为推动我国科普事业尽一份绵薄之力。

　　工程师任重而道远！

李培根　中国机械工程学会理事长、中国工程院院士

前　言

　　焊接技术作为一门独特的工艺技术，可以实现相同及不同材料构件的有效连接，其创造性与多样性，在工业化进程中得到了逐步丰富、完善和展现。焊接在工业生产和日常生活中的应用随处可见，大到飞机、轮船、汽车、高铁等交通工具，小到电视机、计算机、手机等电子产品。同时，焊接还是许多高新科技产品制造中不可或缺的加工工艺，如三峡 700MW 水电机组、超超临界 1000MW 火电机组、大型液化天然气运输船、350km/h 动车组等世界领先的重要装备，还有运载火箭、宇宙飞船、空间站、火星探测器等尖端技术装备系统。毫不夸张地说，焊接技术成就了尖端科技，没有焊接我们就无法享受今天舒适、便捷的生活。

　　本书采用绘图配以文字并附以视频的方式，生动风趣地向读者展示了焊接的历史发展，焊接电弧物理，典型及先进焊接工艺和焊接缺陷种类及检测方法，一步步将读者引入焊接科学与技术的殿堂，由浅入深，让读者从初识焊接到认知焊接，再到对焊接产生兴趣。本书中知识点的贯穿介绍不仅逻辑性强，而且趣味浓厚，适合作为给青少年及非专业人士科普焊接知识的参考书籍。

　　本书共有十五章，敖三三编撰第一章及第十五章；向婷编撰第二至四章及第十三章；高莹编撰第五至十二章；吴满鹏编撰第十四章。本书由天津大学罗震教授参与策划，天津大学李桓教授统稿。特别感谢漫画师刘蕊欣为部分章节配图。

在本书的编撰过程中，通过网络查询得到了一些资料信息，并应用到本书中，但是由于作者不详，没能给予标注，在此表示歉意，并对这些作者表示衷心的感谢。

由于水平有限，书中疏漏之处在所难免，恳请广大读者批评指正，以利于今后修改完善。

编　者

2020 年 9 月

CONTENTS

目录

CONTENTS
目录

弧光闪耀　焊接就在你身边

CONTENTS

目录

弧光闪耀

焊接就在你身边

CONTENTS
目录

CONTENTS
目录

CONTENTS

目录

弧光闪耀

焊接就在你身边

CONTENTS
目录

CONTENTS
目录

CONTENTS

目录

第十三章　焊接缺陷种类

CONTENTS
目录

弧光闪耀 焊接就在你身边

CONTENTS
目录

CONTENTS
目录

第一章

焊接的前世今生

一、中国古代的焊接技术

　　焊接作为一种重要的连接方法，有着极为悠久的历史。焊接技术的发展也充分体现了人类文明的进步。锻接技术早在公元前 3000 年就出现在埃及。公元前 2000 年，在中国夏朝，人们就使用铸焊来制造武器。中国铁器的锻接及青铜的钎焊工艺于公元前 200 年左右就得到了成熟发展。

　　早在夏代晚期二里头文化时期，在青铜容器制作过程中就使用金属焊接工艺来修补铸造缺陷。采用点浇青铜熔液方法来修补较小的孔洞缺陷，采用另设外范重铸缺陷部分并将其与原部件铸焊在一起的方法修补面积较大的铸造缺陷。

中国古代的青铜器铸焊技术

　　中国青铜文化璀璨辉煌，已有两千多年的历史。青铜器种类繁多、形制瑰丽、花纹繁缛、制作精湛，充分体现了金属连接技术的极高技术水准。作为中国古代焊接技术的起点，青铜器铸焊技术展现了我们中华民族焊接工艺的渊源。这种铸造焊接技术是一种古老的特殊焊接工艺。它通过在铸造青铜的过程中嵌套陶范的方法，在先铸造的青铜零件和后浇注的青铜熔液的接合处形成冶金连接完成焊接。

　　冶铜浇铸工艺在夏代薄壁空腔青铜器浇注过程中出现了因青铜熔液流不满型腔而造成的铸造缺陷。例如：山西陶寺铃形器，这是有空腔的初期铜器，也是现在被确认最早的泥型铸造红铜器。据推测，该铜器是由一个泥芯和两块外范铸造而成，表面有一个"浇不到"的孔洞。

◀ 山西陶寺铃形器

在夏王朝后期，大体积薄壁空腔青铜容器的典型代表之一是二里头文化出土的青铜鼎，其多处铸造上的缺陷得到修复。夏代晚期云纹鼎的腹部和足部都有铸后修补的痕迹。

▲　夏代晚期云纹鼎的腹部的铸后修补痕迹　　▲　夏代晚期云纹鼎的足部的铸后修补痕迹

商代方鼎的拼接铸焊和修补铸焊

目前出土年代最早的青铜方鼎是郑州杜岭街出土的商代中期拼接铸造方鼎。由于青铜鼎的形状从圆形变成方形，对铸造技术提出较高要求。古代工匠掌握的夏末另设外范的接续性铸焊技术，已经能够分部分、分次序铸造焊接更大体积的青铜器。大方鼎被商代早期的冶铸工匠划分为几个部分，分别设计成形，然后按顺序浇注第一个部件，再将其放入第二个部件的范型中，同时与第一个部件进行冶金连接。按照这种方法，分别浇铸、拼接，最终组合成一个完整的方鼎。下图中的箭头所示为拼铸方鼎花纹间的拼铸焊缝。

郑州杜岭街出土商代中期拼接铸造方鼎　▶

▲ 拼铸方鼎花纹间的拼铸焊缝

锻接技术在古代兵器制造中的应用

进入青铜时代后，青铜被率先用来制作祭祀容器和战争武器。结果，青铜质替代原来的石质、玉质成为了象征军事权力的斧钺。后来，陨铁被发现更适合作为兵器的刃部，因为它比青铜硬度更高，所以古代工匠以陨铁为刃、青铜为身制作了复合材质青铜兵器。优质刃部兵器的制造以焊接技术的应用为先决条件，这也促进了兵器制造的技术创新。采用更为锋利的陨铁为刃，将焊接技术应用于青铜兵器的制造，标志着中国古代不同金属之间的焊接技术的诞生。

▲ 青铜兵器

春秋战国时期曾侯乙墓中的镈上的龙，是分段钎焊连接制成的。对于商朝的铸焊件，大多数学者认为，陨铁刃与青铜身之间是"熔合"和"焊合"形成的连接结构。根据扫描检测结果，热锻陨铁的边缘飞边缝隙为微米级别，青铜熔液流入后出现了润湿效果，因而形成的连接结构是微米级别的铸焊连接。

▲　河北藁城出土商代中期铁刃铜钺

▲　河南浚县出土铁刃铜钺

二、现代焊接技术的重大成就

汽车制造

焊接与现代机械制造息息相关，汽车的焊接技术更是汽车制造过程中重要的部分。1912 年，第一个使用电阻点焊焊接的全钢汽车车身诞生于美国费城的 Edward G. Budd 公司。在 1912 年前后，美国福特汽车公司在实验室里完成了现代焊接工艺，这为生产著名的 T 型汽车打下了

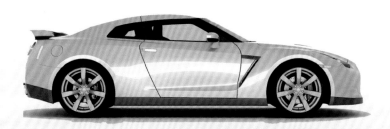

▲　汽车制造

坚实基础，从而提高了汽车质量可靠性，同时也提高了汽车生产效率。

1949 年，福特公司生产出第一台使用弧焊和电阻焊工艺制造的全焊接结构汽车。

目前，由于技术的不断进步，汽车制造不断出现新的焊接工艺，新的材料和新的方法使得焊接技术在汽车车身制造中越来越重要。同时，机器人和自动化技术在汽车焊接过程中的应用也大大提高了汽车焊接的效率，保证汽车的质量。

目前，电阻点焊和激光焊技术广泛应用于汽车车身的制造中。车身组装过程中的主要工艺是电阻点焊。电阻点焊用于焊接诸如车身底部、侧壁、车架、车顶、车门及车身总成等零件。据统计，每个车身大约有 4000~6000 个焊点。激光焊主要用于焊接车身框架结构，如车顶和侧壁。激光焊的应用可以减轻车身重量，达到省油的目的。它提高了车身的组装精度，将车身刚度提高了近 30%，这样提高了车身的安全性，减少车身制造过程中的冲压和组装成本，减少车身零件数量，以提高车身一体化程度。

自 1988 年以来，焊接机器人已广泛用于汽车生产线。

高铁建设

为减少钢轨焊接接头数量，提高高铁列车运行的平稳性、舒适性和安全性，高铁线路采用无缝轨道。在我国，高铁无缝线路由 500m 长焊接钢轨铺设而成。铺轨时，使用牵引车牵着两根长达 500m 的钢轨滑行到指定的位置，数十名工程技术人员协助牵引机卸下钢轨并准确定位。钢轨铺设后，火车头就可顺着钢轨顶推由 37 节平板车组成的平板车组。牵引机将钢轨铺设在无砟轨道上后，另一个无缝钢轨焊接施工队会立即将前面铺设的钢轨，焊接成一条没有缝隙的钢轨。无缝钢轨焊接中的应力放散工序能防止无缝钢轨热胀冷缩，即把钢轨内部的应力均匀分布到钢轨上，防止在温度过低时断轨，温度过高时胀轨。500m 长钢轨的生产效率和质量决定了无缝线路的建设速度及质量，直接影响到无缝线路的使用寿命，甚至影响到列车

▲ **钢轨焊接过程**

行车及人民财产的安全。早期的焊轨设备主要依赖进口，成本高；生产布局无法满足 500m 长钢轨的生产需求；生产方式为手工作业的方式，效率低，精度和质量均无法满足我国高铁建设的战略需求。这就迫切需要对 500m 长钢轨生产的技术进行自主研发。我国在这方面的技术已经取得突破性进展，达到了国际领先水平。

到 2020 年末，我国高铁营业里程达到 3.79 万公里，排世界第一。中国高铁具有高性价比、高效率的优势，国内高铁建设的成熟和运营维护的经验为高铁装备走出国门提供了基础条件。车体制造技术是高速列车的重要核心技术之一，我国按照"引进、消化、吸收、再创新"的模式，集中力量发展轨道交通，全面优化改进，并取得了阶段性成果。高铁车体可细分为车体框架、车顶、底架、侧墙、内端墙、外端墙、车头

▲ **高速列车**

结构、车下设备舱、车顶导流罩及车钩缓冲装置。国内轨道车辆厂商在生产车体系统底架、车头、车顶、车下设备舱等诸多方面体现出了我国的技术优势。

▲ 车体制造过程中的焊接技术

桥梁建设

旧金山金门大桥

焊接技术在桥梁行业的应用已有很长的历史。早在 1937 年，美国旧金山金门大桥建成通车，这是当时世界上最高的悬索桥。

▲ 旧金山金门大桥

港珠澳大桥

2018 年 10 月 23 日上午，中共中央总书记、国家主席、中央军委主席习近平出席港珠澳大桥开通仪式并宣布大桥正式开通。港珠澳大桥全面完工，也打破了世界跨海大桥的纪录。中国建成的这一超级工程，震撼了世界。俄罗斯媒体表示，建造这座大桥的技术难度无法复制，目前只有中国能够完成这一壮举。

在建造这座大桥时，先进的数字化焊接技术发挥了举足轻重的作用。尤其是比较关键的部位，全部是交给计算机进行数字化焊接，建造该桥所用高新技术的比例在之前的各种工程中是没有的。

高效焊接方法和焊缝信息数字化管理系统在港珠澳大桥建造中的成功应用，实现了钢桥梁产业又一次升级换代，使整个钢结构制造行业逐步认知并接纳机械化、自动化焊接，充分实现了产品批量化流水线生产，对今后造桥工程中的自动化、智能化提供了很好的参考和借鉴。同时，港珠澳大桥的建成，为香港、澳门、珠海乃至整个广东省都将带来好处，且能达成互惠互利的效果，加上日后当港珠澳大桥、虎门二桥和深中通道均通车后，形成珠三角东西通道，能更好地发展粤港澳大湾区，实现粤港澳大湾区一体化。

▲　港珠澳大桥

京沪高速铁路南京大胜关长江大桥

京沪高速铁路，简称为京沪高铁，又名京沪客运专线，是一条连接北京市与上海市的高速铁路，是 2016 年修订的《中长期铁路网规划》中"八纵八横"高速铁路主通道之一。 2011 年 6 月 30 日，全线正式通车。在京沪高速铁路建设过程中，南京大胜关长江大桥的建成为京沪高铁的全线贯通起到了重要作用。

2009 年 9 月 28 日，京沪高速铁路南京大胜关长江大桥顺利实现合龙贯通。南京大胜关长江大桥是江苏省南京市境内一座跨长江的高速铁路桥梁，是世界上跨度最大的高速铁路桥，也是世界上设计荷载最大的高速铁路桥。

在大桥的建造过程中，其焊接工程也面临很多挑战：如槽口围焊缝焊接、八边形杆件焊接和支座节点焊接变形控制等，这些问题在实际的建造过程中，都得到了很好解决，也展示出我国在焊接技术方面的成就。

▲ 南京大胜关长江大桥

船舶制造

焊接技术在船舶行业最早是用来进行受损船只的修复。1917 年，第一次世界大战期间，美国首次使用电弧焊修复了 109 艘从德国缴获的船只，并使用这些修复后的船只把 50 万美国士兵运送到了法国，这也开启了焊接技术在船舶行业中应用的先河。1920 年，第一艘全焊接船体的汽船 Fulagar 号在英国下水。同年，第一艘使用焊接方法制造的油轮 Poughkeepsie Socony 号在美国下水，这也标志着焊接技术开始在船舶行业应用。

1930 年，苏联罗比诺夫发明埋弧焊。1935 年，美国的 Linde Air Products 公司完善了埋弧焊技术，埋弧焊技术开始在造船行业得到广泛应用。1940 年，第一艘全焊接船 Exchequer 号在美国的 Ingalls 船坞建成下水。

1954 年，第一艘采用焊接技术制造的 The Nautilus 号核潜艇开始在美国海军服役。

The Nautilus 号核潜艇 ▶

2019 年 12 月 17 日，中国第一艘国产航空母舰在海南三亚某军港交付海军。经中央军委批准，第一艘国产航母命名为"中国人民解放军海军山东舰"，舷号为"17"。

在航母的建造过程中，焊接质量是航母顺利完工的重要保证。航母的焊接技术要求非常高。现代军舰都是采用分段式建造工艺，像搭积木一样，事先建造出舱壁分段、甲板分段、舷侧分段、上层建筑分段、球鼻艏分段等，最后将这些分段焊接组合成一个整体，才能打造出航母的整体结构。航母甲板的焊接是另外一个重中之重，其焊接工作约占整个建造过程的 30% 以上。因此，焊接技术的成功应用对于航母的顺利建造起到了至关重要的作用。

▲ 山东舰

"新埔洋"号超大型原油船

"新埔洋"号超大型原油船总载重 30.8 万 t，满载总排水量超 35 万 t，甲板长 333m，宽 60m，面积比 3 个标准足球场还大，甲板面上设有直升机停降平台，甲板面至船底型深 29.8m，可用于装载闪点低于 60℃的原油，满船装载能力达 30.8 万 ~30.9 万 t，运量相当于约 200 万桶原油，服务航速可达 30km/h，续航力约 2 万海里（1 海里 =1852 m），是我国自主研发、设计并建造的超大型原油船。

▲ "新埔洋"号超大型原油船

航空航天领域

1941 年，大量焊接技术被用于生产各种重型武器，包括第二次世界大战中的飞机等。1943 年，埋弧焊和熔化极气体保护焊技术被飞机制造者们用来焊接飞机钢制螺旋桨的空心叶片。1962 年，电子束焊在超音速飞机和 B-70 轰炸机上正式使用。1969 年 5 月 18 日，"阿波罗" 10 号飞船进行了登月全过程的演练飞行，绕月飞行 31 圈，这是首次将焊接技术应用于航天领域。

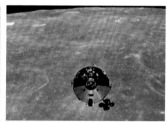

▲ "阿波罗" 10 号

1984 年，苏联女宇航员 Svetlana Savitskaya 在太空中进行焊接试验。

▲　太空焊接试验

"神舟"系列飞船

"神舟"飞船是中国自行研制，具有完全自主知识产权，达到或优于国际第三代载人飞船技术的飞船。"神舟"号载人飞船为全焊接的铝合金结构。其中，"神舟"七号载人飞船是中国"神舟"号飞船系列之一，是中国第三个载人航天飞船。"神舟人"成功突破了壁板结构的纵缝和环缝自动焊接技术，确保了"天宫"和"神舟"细微之处都"严丝合缝"。

航天运载火箭制造

航天产品制造，特别是运载火箭贮箱制造，焊接是一项关键技术。运载火箭贮箱常用的材料是比强度高、比刚度高的铝合金，如 2014、2219 和 7075 铝合金。现在，运载火箭贮箱又采用性能更好的 2195 铝锂合金。熔化焊技术自 20 世纪 50 年代起，在"雷神""宇宙神""大力神""土星"和"德尔塔"系列运载火箭贮箱的制造中使用了几十年，从焊接设备、焊接材料、焊接工艺等方面做了大量的研究工作，满足了焊接质量的需要。中国航天科技集团公司制造的"长征"5号火箭，高59.5m，有4个助推器，起飞重量为643t，推力为833.8t，运载能力从现在的10t提高到25t。

▲ "长征"5号火箭

空间环境地面模拟装置

随着中国航空航天工业的发展，中国已经建造了一种空间环境地面模拟装置。该装置是大型不锈钢整体焊接结构。主舱直径18m，高度为22m，辅舱是直径为12m的真空容器。"神舟"号系列载人飞船均通过此模拟舱进行了测试。

水利工程

▲ 大型水利工程

随着我国经济的发展，各种水利工程建设项目越来越多，由于水利工程中水下建筑、设施等经常出现问题，因此水下焊接技术获得了广泛的应用。水下焊接技术承担着水下工程安装、改造、维修等重要工作，因此，水下焊接技术研究具有非常重要的意义。

▲ 三峡永久船闸

三峡永久船闸是中国最大的船闸，为双线、平行、连续布置的五级特大型船闸，分南北线，中心线相距为94m。每线船闸主体段由6个闸首、5个闸室组成。共设12套（24扇）人字门，单扇门高38.5m、宽20.2m、厚3.0m，重800t；每扇门体分12节在现场逐节拼焊成一整体，制造精度控制在 ±3mm。采用药芯焊丝 CO_2 气体保护焊，通过合理的焊接工艺，焊接质量达到技术要求，保证了船闸及整个枢纽工程的正常运行及使用寿命。

2002 年，世界上最大的水轮机三峡水轮机建造完成，其转轮均为全不锈钢焊接结构，叶片轮廓复杂，焊缝形状为空间三维曲线，横截面可变，结构刚度大，焊接困难，制造周期长，工作条件恶劣。具有与母材相同强度的同材质马氏体型焊接材料以及三相组织的焊接材料的开发应用，形成了一系列完整的转轮焊接材料。它不仅用于焊接三峡转轮，将来还能用于其他材料的转轮焊接。

能源工程

焊接技术在能源工程中的应用，可以追溯到1917年。当时，11 mile（1 mile=1609.344m）长、直径为 3 in（1 in=0.0254m）的管线由位于美国马萨诸塞州的 Webster & Southbridge 电气公司电弧焊设备焊接而成。

1922 年，Prairie 管道公司使用氧乙炔焊接技术成功建造了一条直径 8 in，长 140 mile 的从墨西哥到德克萨斯州的原油输送管线。

1923 年，世界上第一个浮顶储罐（用于存储汽油和其他化工品）建造成功。浮顶和罐壁均采用焊接技术建造，可实现储罐的升高和降低，这种设计也能方便地更改储罐的容量。

1924 年，Magnolia 气体公司使用氧乙炔焊接技术建成了 14 mile 长的全焊

▲ 氧乙炔焊接技术成功建造原油输送管线

▲　世界上第一个浮顶储罐

结构天然气管线。随着焊接技术的发展，1933 年第一条长输管线铺设成功，该管线采用无衬垫结构的电弧焊技术实现连接。

　　1967 年，世界上第一条海底管线在墨西哥湾铺设成功。它是由美国的 Krank Pilia 公司采用焊接技术建造而成的。

　　在中国，焊接技术在管道上的应用也极为广泛。

　　西气东输一线工程西起新疆塔里木油田轮南油气田，最终到达上海市白鹤镇，东西横贯 9 个省区市，全长超过 4000 km，管道材质为 X70 钢，尺寸为 1016mm × 14.6mm 采用焊接技术实现管道连接。这是我国铺设的第一条高强度钢长距离管线。

▲　西气东输一线、二线工程

　　西气东输二线工程西起新疆霍尔果斯口岸，南至广州，东达上海，途经 14 个省区市，干线全长 4895km，加上若干条支线，管道总长度（主干线和八条支干线）超过 9102km。管道材质为 X80 钢，尺寸为

1219mm×18.4mm。管道每千米焊接接头数量最少80个，对焊接质量要求很高。

建筑行业

帝国大厦

大型建筑物在建造过程中都离不开焊接技术的应用。1931年，全钢焊接结构的帝国大厦建成，标志着焊接技术已经开始应用到建筑领域。

▲　帝国大厦

鸟巢

鸟巢是2008年北京奥运会的主会场。它的建造成功标志着我国当时建筑建造水平，特别是焊接技术水平达到了一定的高度。鸟巢设计寿命100年，能抗8级地震，用钢量近14万t，相当于三艘美国福特级航母的钢材用量，100%全焊钢结构。焊缝总长度超过31万m，消耗焊材超过2100t，大部分组合柱的板厚超过60mm，最大板厚达110mm（日本焊接过的同样材料Q460板厚最厚为80mm）。整个焊接结构的焊缝经过100%超声波探伤，一次合格率为99.7%。

▲ 鸟巢

北京大兴国际机场

北京大兴国际机场总占地 4.1 万亩，大约相当于 63 个天安门广场的大小，机场钢结构总用钢量达 7.2 万 t。大兴国际机场航站楼钢结构造型新颖、结构复杂，其核心区由 8 个 C 型柱支撑的网状屋盖钢结构组成，总用钢量达 6.2 万 t。屋盖钢结构投影面积达 18 万 m^2。屋盖钢结构网络构件规格多、数量多，钢结构施工难度非常大。采用机器人焊接有效提升了工程质量，保证了施工进度。其中刚性直轨道移动式焊接机器人、管道焊接机器人、柔性轨道移动式焊接机器人三款焊接机器人先后应用于机场 C 型柱箱型梁、网状屋盖圆管杆件和球节点连接、中央连桥箱型梁、到港／离港高架桥等处的现场焊接作业，完成了 400 多道焊缝焊接，焊缝长度达 1000m 以上，焊后检测 100％合格。

第二章

焊接电弧揭秘

一、气体放电

电弧看似一团火，但它却不是真的在燃烧，也不是化学反应。电弧是一种气体强烈而持久的放电现象，我们常见的闪电就是一种天然电弧。放电现象的本质就是气体在介质中的导电现象。

什么是气体放电？

通常情况下，气体是良好的绝缘体，不能像金属一样传导电流。但是在强电场（如电源在两电极间施加电压而形成的电场）、光辐射和高温加热等条件下，气体中的原子就会获得能量电离成正离子和电子，当大量原子被电离时，这些带电粒子在电场作用下就会形成电流。此时，原本绝缘的气体变成了导电性良好的导体。

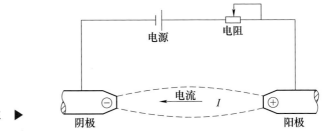

气体的放电原理 ▶

气体的放电形式

非自持放电

在较小的电流范围（$10^{-10} \sim 10^{-8}$A）时，气体放电时所需要的核心成员——"带电粒子"，不能通过气体本身电离所产生，而是需要"外援团"提供带电粒子。否则气体中带电粒子会逐渐消失，气体将失去导电性。这种现象称为非自持放电。

我很虚弱，需要外援！

▲ **非自持放电过程**

自持放电

气体放电需要具备两个必要条件：一是外施的电压；二是外界电离因素，如天然辐射和人工自然照射，这两种方法都会产生"光电离"。上述两个必要条件是使气体中产生带电粒子的关键。当外加电压较大时，如果撤去外界激励因素（"外援团"），气体放电仍能继续维持，这种现象称为自持放电。电弧放电属于自持放电。

▲　自持放电过程

二、电弧放电

什么是电弧放电？

电弧放电是一种最强烈的自持放电。当两极间电压不高（约几十伏）时，气体或金属蒸气中可持续通过较强的电流（几十安至几百安），并发出强烈的辉光，产生高温（几千至上万摄氏度），使金属加热熔化甚至蒸发，较低的电压下就能把高密度热能注入工件材料中。电弧具有能量高、效率高、操作性和安全性好的特性。

电弧 ▶

电弧是如何持续燃烧的?

中性气体是不能导电的,为了在气体中产生"电弧"这种放电现象,就必须使气体分子(或原子)电离成为正离子和电子,成为"电弧燃料仓"。为了维持电弧持续燃烧,需要"能量源"持续补充,即要求电弧的阴极不断发射电子,不断地输送电能给电弧,以补充能量的消耗。气体电离和电子发射是电弧中最基本的物理现象。

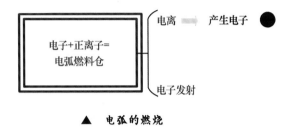

▲ 电弧的燃烧

气体电离

气体受到外加能量的作用,就会使中性气体原子中的电子获得足够的能量,挣脱原子核的引力束缚而成为自由电子,同时中性原子失去了电子而变成带正电荷的正离子。这种使中性的气体原子释放电子形成正离子的过程称为气体电离。

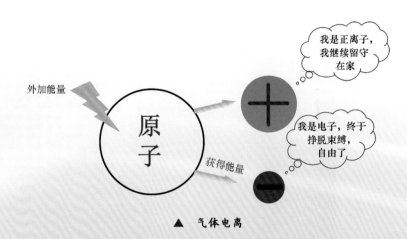

▲ 气体电离

电子发射

金属内电子受到外加能量作用，飞出金属表面进入到周围气体中的现象，即电子发射。

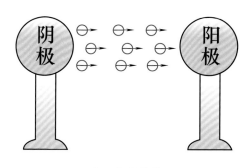

▲　电子发射

电弧中带电粒子的消失

电弧的导电主要靠"电弧燃料仓"提供的带电粒子运动来实现。电弧的稳定燃烧是带电粒子产生、运动与消失的动态平衡。"电弧燃料仓"产生的带电粒子，一部分承担了导电的任务，即定向运动；另一部分则在电弧空间消失了。电弧中带电粒子的消失主要有"扩散"和"复合"两种形式。

▲　带电粒子的消失

消失路径 1：扩散

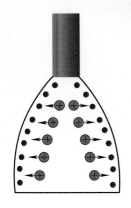

▲　带电粒子的扩散

带电粒子遵循气体分子和原子的运动规律，即密度分布不同的带电粒子将从高密度的地方向低密度的地方转移，使整体的密度分布趋向均匀，这种现象称为带电粒子的扩散现象。扩散现象是由热运动引起的，其中电子的扩散速度要比正离子快，电子容易扩散到电弧周边，当电弧周边的电子聚集到一定程度后，由于正负电荷相互吸引，又促使正离子向电弧周边扩散。扩散会使弧柱的带电粒子变少，并带走一部分热量。

消失路径 2：复合

电弧空间中的带电粒子（如正离子、电子、负离子）在一定条件下结合成中性粒子的过程称为复合。电弧中心温度较高，粒子运动激烈，不可能产生复合。在电弧周边，粒子温度低、运动平缓，当有正离子扩散出来后，就可能产生正、负粒子的复合。带电粒子的复合通常伴随着热量的产生。

▲　带电粒子的复合

电弧的应用

电弧可以瞬时熔化或汽化所有的金属，工业上利用电弧来焊接、熔化或切割金属，如等离子切割机、放电加工机、炼钢厂的电弧炉。电弧灯、电影院用的电影放映机也是利用电弧原理制成的一些设备。

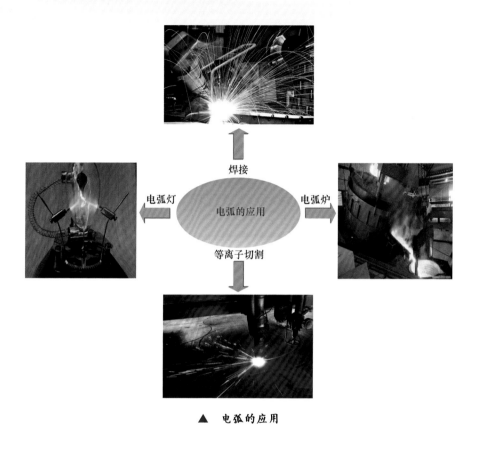

▲　电弧的应用

三、焊接电弧

焊接电弧的组成

焊接电弧由阴极区、阳极区及弧柱区三部分组成。阴极区是电弧紧靠负电极的区域。阴极区很窄，约 $10^{-6}\sim10^{-5}$cm，是发射电子的"原产地"。紧靠正电极的电弧区域是阳极区。阳极区的长度大于阴极区的长度，约为 $10^{-4}\sim10^{-3}$cm，是电子的"收纳区"。弧柱区是电弧阳极区和阴极区之间的部分，可以看成是传导电流的导体。

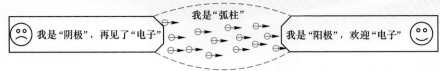

▲ 焊接电弧的组成

焊接电弧的特点

1）导电性强、能量集中。

2）温度高、亮度大，电弧中心温度可达10000℃，表面温度可达3000~4000℃。

3）电弧是一束游离的气体，质量小、易变形。

焊接电弧是如何引燃的?

在实际焊接时，焊条（焊丝）和焊件分别连接焊接电源的正、负极。当焊条（焊丝）和焊件接触时，相当于电源短接。由于接触点电阻大，在短路电流作用下会产生大量电阻热，使金属局部熔化。将焊条（焊丝）与焊件进一步拉开距离，在短路电流作用下，局部熔化的金属产生细颈。某一瞬时，细颈由于通过较大电流而爆断，引燃电弧。在电源电压的作用下，在这段距离内形成很强的电场，促使产生电子发射。同时，加速气体的电离，使带电粒子在电场的作用下，向两极定向运动。弧焊电源不断地供给电能，新的带电粒子不断得到补充，形成连续燃烧的电弧。

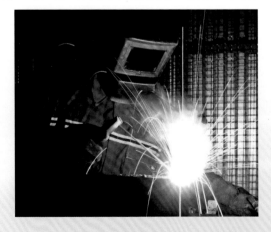

▲ 焊条电弧焊

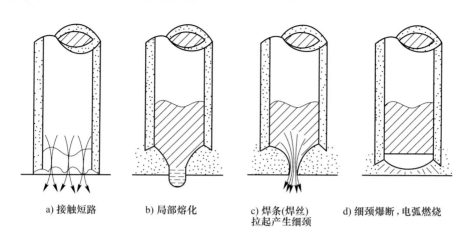

a) 接触短路　　　b) 局部熔化　　　c) 焊条(焊丝)　　　d) 细颈爆断,电弧燃烧
　　　　　　　　　　　　　　　　　　拉起产生细颈

▲　焊接电弧的引燃过程

焊接电弧是如何加热熔化被焊材料的?

电弧的产热机构决定了电弧对被焊材料的加热熔化作用。电弧由阴极区、弧柱区和阳极区三部分组成，电弧的产热也是上述三部分产热的叠加。其中阴极区产热是直接加热焊丝或焊件的热量，这部分热量是由阴极区提供的电子流将电能转化成热能而产生的；阳极区产热只考虑接收电子流的能量转换；值得注意的是，弧柱区产生的热量不能直接加热焊条（焊丝）和焊件，而是通过辐射的方式将很少一部分热量传给焊条（焊丝）和焊件。

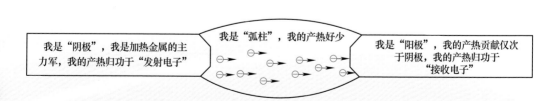

我是"阴极"，我是加热金属的主力军，我的产热归功于"发射电子"　　　我是"弧柱"，我的产热好少　　　我是"阳极"，我的产热贡献仅次于阴极，我的产热归功于"接收电子"

▲　焊接电弧的产热机构

焊接电弧是如何加热熔化焊条（焊丝）的？

电弧焊时用于加热和熔化焊条（焊丝）的热量由电阻热、电弧热和化学反应热三部分构成，其中化学反应热只占 1%~3%，可以忽略不计。焊接电流流过焊芯（焊丝）时产生电阻热，该热量仅占加热焊芯和药皮热量的一小部分，大部分热量来源于电弧热。

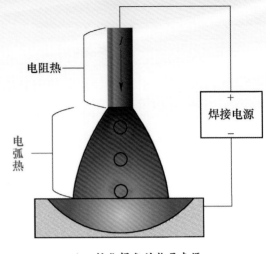

▲ 熔化焊条的热量来源

焊接电弧的温度分布

在轴向上，电弧两端温度低而中间温度高，这主要是由于受到电极材料沸点的限制。此外，靠近焊丝或焊条一端，电流密度和能量密度都高，电弧温度也高。弧柱区温度分布中心温度最高，越靠近弧柱边缘，温度越低。

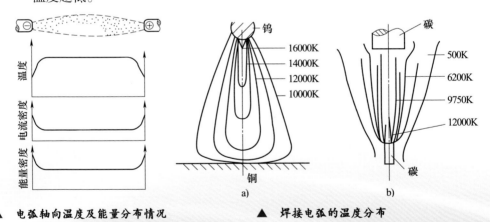

▲ 电弧轴向温度及能量分布情况　　　▲ 焊接电弧的温度分布

焊接电弧的加热效率

焊接电弧的加热效率直接取决于各种不同的焊接方法。在焊接过程中，电弧能量的大部分传递给母材，而一部分损失在周围介质和飞溅中。由热源输出并真正用于加热焊件的功率与热源的总功率之比称为热效率。几种典型弧焊方法的热效率见下表。

几种典型弧焊方法的热效率

焊接方法	埋弧焊	MIG 焊、焊条电弧焊	TIG 焊	等离子弧焊（熔入法）	等离子弧焊（小孔法）
热效率（%）	90~99	70~85	50~70	60~75	45~65

注：MIG 焊为熔化极惰性气体保护焊，TIG 焊为钨极惰性气体保护焊。

焊接电弧的能量转换

焊接电弧可以看成是一个能量转化的元件。通过它可以将电能转换成其他形式的能量，如热能、光能、磁能和机械能等。在焊接过程中，大部分电能都转换为热能，以传导、对流和辐射的形式传给了周围气体、焊接材料及母材。其中机械能主要是指气体粒子运动所产生的能量。

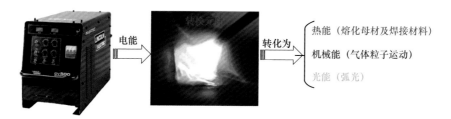

电能　转化为　热能（熔化母材及焊接材料）
机械能（气体粒子运动）
光能（弧光）

▲　焊接电弧的能量转换

焊接电弧的强光揭秘

电弧燃烧时产生类似火焰一样的刺眼强光，这主要是电弧的辐射导致的。所有外漏的焊接电弧都产生强烈的紫外线、可见光和红外线波长的辐射。氩弧焊时，紫外线辐射特别强烈，辐射损失的能量可能超过总输入能量的20%。

▲　钨极氩弧焊时的电弧

四、延伸阅读

电弧是焊接的唯一热源吗？

日常生活中见到的焊接，常利用电弧为热源来加热熔化焊件，其本质是利用气体介质在两电极之间强烈而持续放电过程产生的热能作为焊接热源。电弧是目前应用最广泛的焊接热源，如焊条电弧焊、埋弧焊、氩弧焊、CO_2 气体保护焊。除此之外，还有化学热、电阻热、激光及电子束等都可以作为焊接热源。

▲ 热源的种类

化学热

气焊时，主要利用助燃（氧气）和可燃气体（乙炔）或铝、镁热剂进行化学反应时所产生的热能作为焊接热源。

◄ 气焊

电阻热

电阻焊是利用电流通过导体时产生的电阻热作为热源，电阻热效应将焊件加热到熔化或塑性状态，同时加压使之形成金属结合。

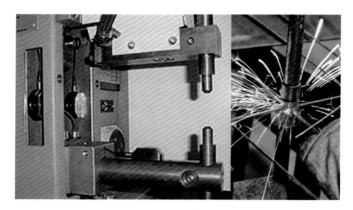

▲　电阻焊

电子束

利用高速运动的电子在真空中猛烈轰击金属局部表面，将高速运动电子束的动能转化为热能作为焊接热源，该热源的能量高度集中。

▲　电子束焊

激光

利用经过聚焦产生能量高度集中的激光束作为焊接热源，激光束作为能源轰击焊件所产生的热量加热熔化焊件。

▲　激光焊接

第三章

熔滴过渡的奥秘

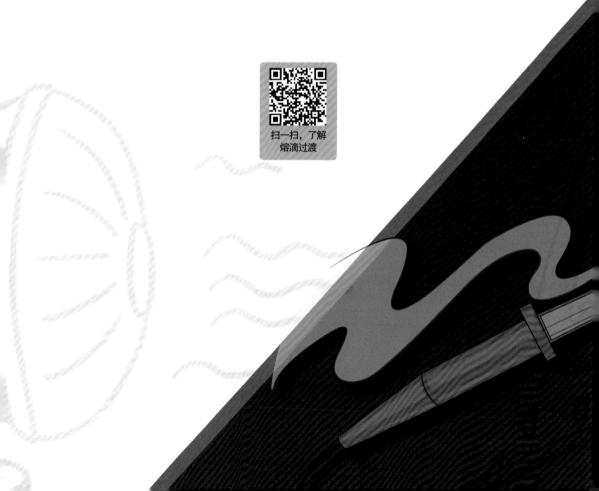

扫一扫，了解
熔滴过渡

一、熔滴和熔滴过渡

在电弧热及电阻热的共同作用下，焊条（焊丝）末端形成的、向熔池过渡的液态金属称为熔滴，熔滴通过电弧空间向熔池转移的过程称为熔滴过渡。

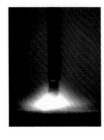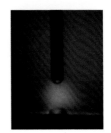

▲ 熔滴的过渡过程

二、熔滴过渡形式分类

熔滴过渡形式见下表，主要分为两大类：接触过渡和自由过渡。接触过渡包括短路过渡和搭桥过渡；自由过渡包括大滴过渡、排斥过渡、喷射过渡及爆炸过渡。

熔滴过渡形式汇总表

类别	过渡形式	表现形式
接触过渡	短路过渡	
	搭桥过渡	

类别	过渡形式		表现形式
自由过渡	大滴过渡		
	排斥过渡		
	喷射过渡	射滴过渡	
		射流过渡	
		旋转射流过渡	
	爆炸过渡		

短路过渡

　　短路过渡时，电弧燃烧焊条（焊丝）末端形成熔滴；随着焊条（焊丝）向下送进，焊条（焊丝）末端熔滴接触熔池形成缩颈（又称为小桥）；此时情况类似于短路，流过小桥处的大电流使小桥急剧变细，小桥最终因为过电流而爆断，电弧重新燃烧。短路过渡是 CO_2 气体保护焊时常出现的一种熔滴过渡形式。

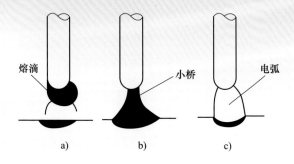

熔滴　　　小桥　　　电弧

a)　　　　　b)　　　　　c)

▲　短路过渡

大滴过渡

大滴过渡时，电弧根部总是在焊条（焊丝）端头的熔滴底部徘徊，电弧对熔滴下落的促使力很小，主要依靠重力使熔滴脱落。当焊条（焊丝）不断熔化，熔滴聚集成足够大体积的球滴后，表面张力不能再维持它的重量，熔滴在重力的作用下向熔池中过渡。实际焊接时不希望出现这类过渡形式，焊接参数选用时需避免小电流与高电压相匹配。

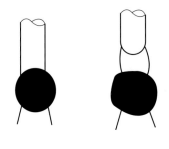

▲　大滴过渡

射滴过渡

射滴过渡时，熔滴直径一般接近焊条（焊丝）直径，此时，重力已不再起主要作用。熔滴的大部分或全部被电弧笼罩，在电弧力的作用下熔滴脱离焊条（焊丝）向熔池中过渡，脱离焊条（焊丝）时的加速度一般大于重力加速度 g。

射流过渡

射流过渡时，电弧弧根完全笼罩熔滴，熔滴和焊条（焊丝）之间出现缩颈，电弧从熔滴根部跳到缩颈上部，使焊条（焊丝）末端的液态金属呈铅笔尖状，焊条（焊丝）末端的液态金属以直径细小的熔滴 [约为焊条（焊丝）直径的 0.3~0.6 倍] 从焊条（焊丝）尖端一个接一个向熔池中过渡，速度很快。

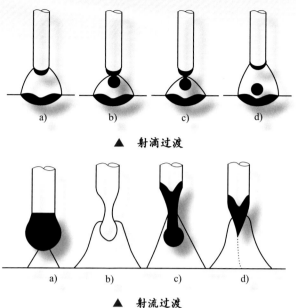

▲　射滴过渡

▲　射流过渡

旋转射流过渡

旋转射流过渡和射流过渡同属喷射过渡，两种过渡方式类似于"双胞胎"，却略有差别。当电流很大时，焊条（焊丝）端头的液态金属也会呈铅笔尖状，但当铅笔尖状的液体金属

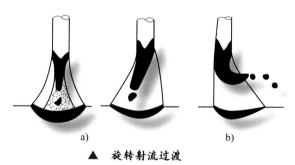

▲　旋转射流过渡

柱增长到一定的程度时，便会失稳而做高速旋转运动，熔滴产生非轴向射流过渡。

爆炸过渡

焊条（焊丝）端部熔滴或正通过电弧空间的熔滴，因其中气体急剧膨胀，使熔滴爆裂而形成的一种金属过渡形式。该过渡形式常伴随着剧烈飞溅的产生。

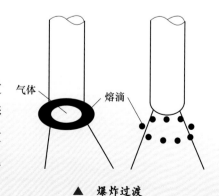

气体　　熔滴

▲　爆炸过渡

三、焊接时的热量传递

传热是一种复杂现象。从本质上讲，同一个介质内或者两个介质之间只要存在温度差，就一定会发生传热现象。热量的传递方式主要有三种：传导、对流及辐射。传导是当物体内部具有不同温度或者不同温度的物体直接接触时所发生的热量传递现象；对流是需要借助流体（气体或液体）的宏观运动进行传热；辐射是物体以电磁辐射的形式把热量向外散发，它不依赖任何外界条件而进行，一切温度高于绝对零度的物体都能产生热辐射。在实际焊接时，由于电弧下方的焊件局部受热而使焊件本身出现较大温差，因此，焊件内部和焊件与周围介质之间必然发生热量传递。在电弧焊条件下，热量由热源（电弧）传给焊件，传递方式主要是辐射和对流，母材和焊条获得热量后主要以传导方式向金属内部传递热量。

辐射

对流

传导

▲ **热量的传递方式**

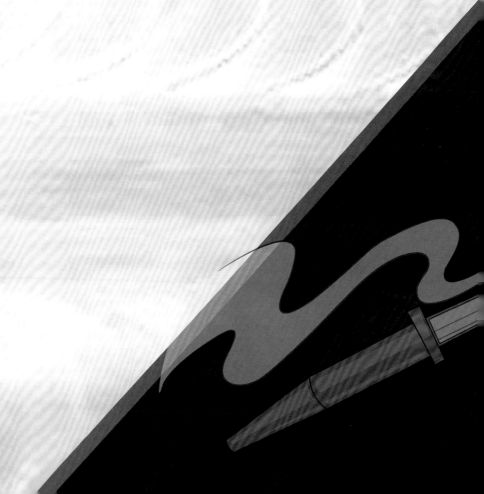

第四章

焊缝成形的规律

一、焊接熔池

熔池是如何形成的？

焊接时，焊条（焊丝）熔化形成熔滴，焊件熔化形成一定几何形状的液态金属就称为熔池。熔池由焊件熔化的液态金属和熔滴两部分组成。

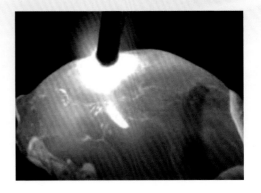

▲　高速摄像下的熔池

熔池中的液态金属是运动的还是静止的？

熔池中的液态金属是运动的。液态金属运动的驱动力来自于因熔池温度分布不均匀而产生的密度差和表面张力差。此外，焊接电弧作用在熔池上的各种机械力对熔池产生强烈的搅拌作用。熔池中液态金属的运动有利于将熔化的母材与焊条（焊丝）金属充分混合，使其均匀化。

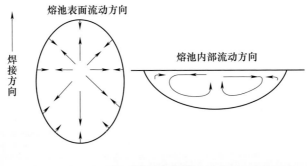

▲　熔池的流动

二、焊缝

焊缝是如何形成的？

焊接过程中，电弧正下方的熔池金属在电弧力的作用下被排向熔池尾部。随着电弧的移动，熔池尾部金属流向电弧移去后的凹坑里，冷却结晶形成焊缝，因此焊缝的形状和尺寸与熔池有直接关系。

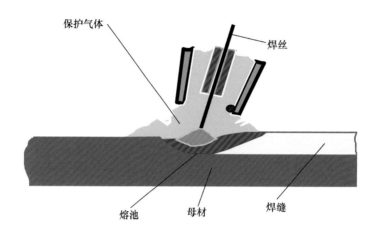

▲　焊缝的形成

焊缝尺寸的定义

焊缝沿轴线方向的长度定义为焊缝的长度 L，焊缝表面两焊趾之间的距离定义为焊缝的宽度，即熔宽 B，焊接接头横截面上，焊缝最深处与母材表面之间的距离定义为焊缝的深度，即熔深 H。焊缝表面上焊趾连线上面那部分焊缝金属的最大高度定义为余高 h。

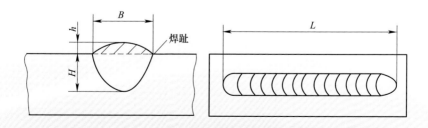

▲　焊缝尺寸的定义

焊缝尺寸的影响因素

影响焊缝尺寸的因素主要有焊接参数、焊接方法和焊接材料。其中焊接参数对焊缝尺寸的影响规律为：焊接电流增加，熔深明显增加而熔宽略有增加；焊接电压增加，熔深略有减小而熔宽增加；焊接速度增加时，熔宽和熔深均减小。

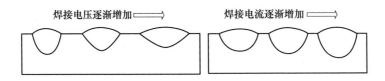

▲ 焊接参数对焊缝尺寸的影响

三、焊缝成形中的专有名词

焊接接头

焊接接头是指两个或两个以上零件要用焊接组合的接点。焊接接头的基本形式有对接接头、搭接接头、角接接头和 T 形接头 4 种。

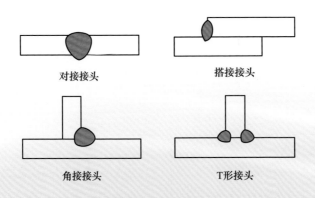

对接接头　　　　　　搭接接头

角接接头　　　　　　T形接头

▲ 焊接接头的基本形式

坡口

　　坡口是指焊件的待焊部位加工并装配成的一定几何形状的沟槽。两个工件要焊在一起，为了增加焊接强度需要在焊接的两个工件（或一个工件）上，开一个斜坡即形成一个倒角。两个工件间会因开了斜坡而形成一个空隙，空隙能够填充更多的焊接材料，使两个工件之间的连接强度增加。因为这个空隙看上去像个小斜坡，所以就称为坡口。

　　坡口主要是为了电弧能深入接头根部，使接头根部焊透，普通情况下用机加工方法加工出型面，要求不高时也可以气割。常见的坡口形式有 I 形坡口、Y 形坡口及 X 形坡口，主要的坡口尺寸有坡口间隙 b、钝边 p 及坡口角度 α，上述尺寸主要取决于工件板厚 δ，板厚越大，坡口尺寸会随之增加。

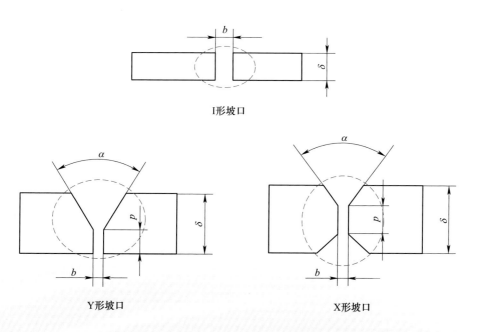

I形坡口

Y形坡口　　　　　　　　　　　　　　X形坡口

▲　常见的坡口形式

四、如何目测判断焊缝成形是否良好?

焊缝成形的好坏直接决定焊接质量的高低、焊接接头使用的安全性和可靠性。焊缝的外部缺陷主要表现为：①焊缝波纹粗劣；②焊缝不均匀、不整齐；③焊缝与母材过渡不圆滑；④焊缝高低不平。目测焊缝成形好坏的评价标准主要有以下几方面：①焊缝是否平直；②焊缝表面是否平整光滑；③焊波是否均匀；④焊缝表面是否出现焊接缺陷，如内凹、气孔、裂纹等。

焊缝中鱼鳞纹均匀整齐、高低宽窄一致

焊缝中出现气孔

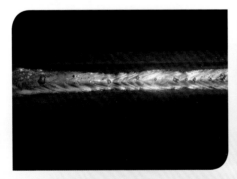

焊缝不均匀、鱼鳞纹粗劣

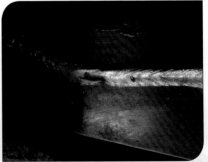

焊缝成形不良，表面内凹

▲　焊缝成形质量的目测判断

第五章

气焊与气割

扫一扫，了解气焊

扫一扫，了解气割

氧气

可燃气体

一、发展历程

英国人
Edmund Davy
发现了乙炔
气体 — 1836年

1895年 — 法国人Henry Louis
Le Chatelier发明了
氧乙炔火焰

法国人Henry
Louis Le
Chatelier成功
储存了乙炔 — 1896年

1900年 — Edmund Fouche
和Charles Picard
造出了第一支氧
乙炔气焊焊炬

Deville和Debray利用
氢气和氧气燃烧产生
热量发明了氢氧气焊 — 1959年

气焊发展史

▲　Henry Louis Le Chatelier

法国人 Henry Louis Le Chatelier，
除了是氧乙炔气焊方法的发明人以
外，还是法国著名建筑埃菲尔铁塔
的重要建设者

二、气焊与气割原理

气焊原理

气焊是利用乙炔、氢气等可燃气体与氧气等助燃气体反应燃烧的火焰为热源，使焊件和焊接材料熔化焊接，达到原子间结合的一种方法。

▲　气焊示意图

▲　气焊工作

气割原理

气割是利用乙炔、氢气等可燃气体与氧气等助燃气体反应燃烧的火焰的热能，将工件切割处预热到燃烧温度后，喷出高速切割氧气流，使其燃烧并放出热量，从而实现切割的方法。

氧乙炔气割过程实质不是金属元素熔化断裂，而是金属元素在氧气中剧烈氧化，直至燃烧殆尽，其过程可以分为火焰预热→吹氧燃烧→清吹底渣三个部分。

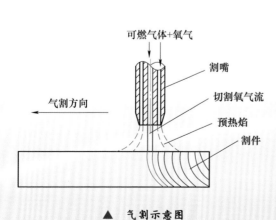

▲　气割示意图

▲　气割工作

三、气焊与气割设备

气焊与气割设备主要有氧气瓶、燃气瓶、气体减压阀、气源、回火保险器、焊（割）炬及辅助工具。

焊（割）炬是混合气体燃烧产生火焰热源的工具，同时该工具可以调节气体输出，从而实现火焰热源输出功率调节，其结构对气（割）焊的质量与效率有着重要影响。手工操作的焊（割）炬采用可燃气体（如乙炔、氢气）和助燃气体（如氧气）为气源。

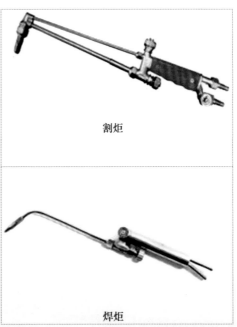

割炬

焊炬

▲　气焊与气割设备

氧气瓶

氧气是气焊的主要助燃气体，为了安全和运输方便，氧气存储于氧气瓶中。目前市场上的氧气瓶容积很多，从 8~60L 都有，但是目前焊接使用最多的是40L钢瓶，按照国家标准钢瓶填充压力为12~15MPa。为了方便辨识，氧气瓶表面使用蓝色油漆着色，同时需要用黑色油漆在蓝色漆面漆上"氧"或"氧气"作为标识。氧气是一种助燃气体，保管时不可近火，避免暴晒、火烤、敲击，以防止钢瓶爆炸，造成事故。

乙炔瓶

乙炔是目前气焊中使用的主要可燃气体。目前焊接用乙炔存储于乙炔瓶中。乙炔瓶容积为40L，工作压力为1.5MPa。乙炔瓶直径较大，但是瓶高较短，呈现"短粗型"，表面漆白，并用红漆标识"乙炔""不可近火"字样。

乙炔气体有着严格的安全要求，搬运、装卸、存放和使用时都应竖立放稳，严禁卧放。乙炔瓶倒卧后重新使用时，需要先将其直立并静置20min后才能使用，使用过程中绝不能遭受剧烈振动。

▲　氧气瓶

▲　乙炔瓶

气体减压器

减压器是气焊（割）必备的气体调节装置，其作用是将高压气体调为低压气体，同时不同性质的气体具有特定减压器，不同气体不得混用。例如乙炔减压器最高输出 0.15MPa，氧气减压器最高输出 0.4MPa。

▲　氧气减压器

▲　乙炔减压器

焊（割）炬

气焊（割）使用的焊枪，就是焊（割）炬，其主要作用是形成气焊（割）工艺可以使用的热源，同时调整热源输出功率达到工艺要求，目前最为常见的为射吸式焊（割）炬。

▲　气焊操作

▲ 气割操作

　　射吸式焊炬的使用方法　使用射吸式焊炬气焊时，先打开氧气调节阀，氧气先从焊嘴喷出，并在喷嘴外围造成负压（吸力）；再打开乙炔调节阀，乙炔气在氧负压的作用下被吸出，形成可燃气体，点火后通过调节可燃气体与助燃气体比例即可稳定燃烧，进行焊接工艺。

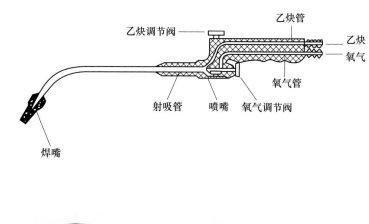

▲　射吸式焊炬

射吸式割炬的使用方法　使用射吸式割炬气割时，先开启预热氧气阀待氧气从喷嘴流过形成负压，再打开乙炔阀将乙炔吸出，点火后产生预热火焰，对割件预热，预热至高温后，随即开启切割氧气阀，大量氧气喷出使金属燃烧，形成金属断裂带，完成切割工艺。

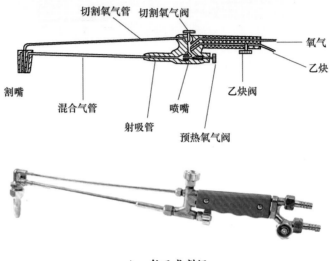

▲　射吸式割炬

回火保险器

正常气焊时，火焰在焊嘴外形成，但当发生焊嘴阻塞或气体供应不足等情况时，火焰会进入喷嘴沿着乙炔管路向里燃烧，这种现象称为回火。回火保险器就是装在可燃气体系统上的防止火焰向燃气管路或气源回烧的保险装置。

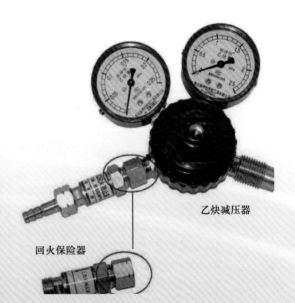

乙炔减压器

回火保险器

回火保险器总成　▶

气焊辅助工具

气焊辅助工具有通针、胶管、点火器、钢丝刷、锤子、锉刀及护目镜等。根据国家标准规定，氧气胶管为红色，工作压力为 1.5MPa，胶管内径 8mm，外径 18mm；乙炔胶管为黑色，工作压力为 0.3MPa，胶管内径 8mm，外径 16mm。

氧气胶管　　　　　乙炔胶管　　　　　钢丝刷

护目镜　　　　　　点火器

▲　气焊辅助工具

四、气焊（割）火焰的种类

氧 乙炔火焰根据氧和乙炔混合比的不同，可分为中性焰、碳化焰和氧化焰三种类型。

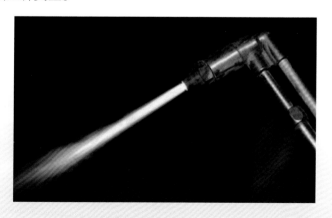

▲　气焊（割）火焰

中性焰

中性焰是氧与乙炔体积的比值为 1.1~1.2 的混合气燃烧形成的气体火焰，中性焰在第一燃烧阶段不产生过剩碳和过剩氧，混合气体全部反应，对工件理化性能影响最小。中性焰温度较低（800~1200℃），同时火焰有三个显著区别的区域，分别为焰芯、内焰和外焰。

焊接时主要用内焰加热，由于内焰具有还原性，能使氧化物还原，起到改善焊缝力学性能的作用，所以中性焰应用最广，常用于焊接低碳钢、低合金钢、不锈钢及有色金属。

碳化焰

碳化焰是氧与乙炔体积的比值小于 1.1 时的混合气燃烧形成的气体火焰。因为乙炔有过剩量，所以燃烧不完全，冒黑烟（乙炔分解产生过剩碳）、同时乙炔分解还产生氢（H），氢元素对钢材塑性、韧性有着极大的破坏作用，所以不适合用于焊接低碳钢及低合金钢。

碳化焰的温度较高，一般可以达到 2700~3000℃，同时火焰中含有过剩碳元素，轻微的碳化焰可以给表面补充碳元素，避免碳元素在焊接过程中烧损、所以碳化焰较广应用于焊接高碳钢、中合金钢、高合金钢、铸铁及硬质合金等材料。

氧化焰

氧化焰是氧与乙炔体积的比值大于 1.2 时的混合气燃烧形成的气体火焰，氧化焰中有过剩氧，氧化焰的温度可达 3100~3400℃。

氧化焰中氧含量高，对钢材具有氧化作用，其火焰的焰芯、内焰、外焰都缩短，内焰几乎消失。氧化焰的焰芯呈淡紫蓝色，轮廓不明显；外焰呈蓝色，火焰挺直，燃烧时发出明显的"嘶嘶"声。

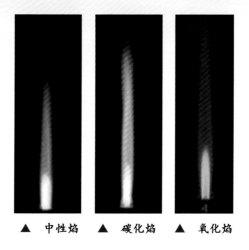

▲ 中性焰　　▲ 碳化焰　　▲ 氧化焰

五、气焊材料

　　一般说来，气焊焊接黑色金属和有色金属所用焊接材料的化学成分要与被焊金属化学成分相同。有时为了使焊缝有较好的质量，在焊接材料中也加入其他合金元素。

▲ 铜焊环　　　　　　　　　　▲ 铜焊丝

六、气焊（割）的应用

气焊

　　气焊工艺由于其设备简单、适应能力强，同时成本较低，曾经在工业生产领域广泛使用。但是随着电子设备的小型化，同时由于其又有着热输入大、生产效率低、需要使用危险燃气等缺陷，气焊正在逐步被电弧焊取代。目前使用气焊的领域只有火焰钎焊以及零件修复等少数领域。

气割

相比于气焊被逐步替代的命运，气割的命运要好很多。由于该工艺成本较低，几乎可以切割任何厚度的钢板，相比于其他切割工艺具有无法替代的优势，目前气割仍然是切割现场的主力工艺，广泛应用于制造业的各个领域。

第六章

焊条电弧焊

扫一扫，了解
焊条电弧焊

一、发展历程

▲ Oscar Kjellberg

英国人
H.DAVY
发明了电弧 — 1801年

1881年 — 法国人 De Meritens
发明了最早期的
碳弧焊

俄罗斯人
Н.г.Славянов — 1888年
发明了金属极
电弧焊

1900年 — 英国人Strohmyer
发明了薄皮涂料
焊条

瑞典人Oscar Kjellberg
完善了焊条(在用来作
为填充金属及导电电
极的金属棒外面涂上 — 1907年
具有稳弧、保护等功
能的药皮)

由美国的A.O.Smith公司
发明了在电弧焊接用金
属电极外使用挤压方式
1926年 涂上起保护作用的固体
药皮(即焊条电弧焊焊条)
的制作方法

现代焊条电弧焊

二、基本概念

　　焊条电弧焊是利用正负电极间产生的电弧来进行焊接的工艺，电弧能量集中，温度极高，非常适合用来熔化金属，从而使两块或多块金属连接成为一体，是一种非常常见的手工焊接方法。

　　焊条电弧焊的技术成熟、材料多样、操作灵活、设备成本低、适应性强，是工业生产中应用最广泛的焊接方法。

三、系统构成

　　焊条电弧焊系统由焊接电源、电焊钳、焊条及焊接电缆等组成，其中最为重要的就是焊接电源。焊接电源将电网的电流转换成焊接需要的电流，从而实现焊接。

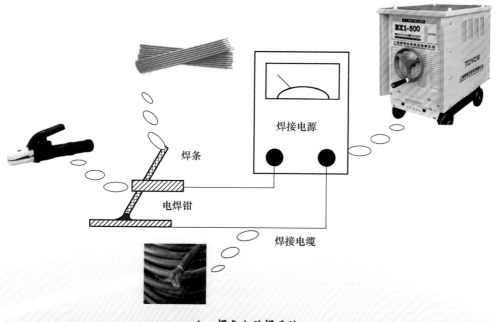

　　▲　焊条电弧焊系统

焊接电源

交流弧焊变压器

　　交流电源是焊接工艺最早使用的电源，其中弧焊变压器应用最广。它是一种特殊的降压变压器，其工作原理与一般的电力变压器相同，但为了满足焊接工艺的要求，增加了漏磁功能，使其具有下降外特性，并且可以通过调节漏磁（摇把手）来调节焊接参数。

直流弧焊整流器

　　弧焊整流器就是一种采用整流电路将交流电整流为直流电的焊接电源。采用硅二极管作为整流元件的称为硅整流弧焊整流器；采用晶闸管作为整流元件的称为晶闸管弧焊整流器。

焊条

焊条构成

　　一根普通焊条包括夹持端、药皮、焊芯、引弧端四个部分。其中药皮和焊芯是焊条的主体部分，其他两个部分各有不同。

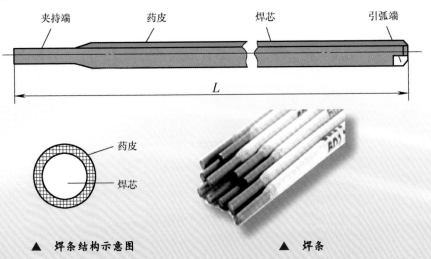

夹持端　　　　药皮　　　　　　焊芯　　　　　　引弧端

L

药皮

焊芯

▲ 焊条结构示意图　　　　　　　　▲ 焊条

1）焊条引弧端有倒角，药皮被除去一部分，露出焊芯端头。

2）部分牌号焊条引弧端涂有引弧剂，方便引弧。

3）在靠近夹持端的药皮上印有焊条牌号，便于识别。

多样焊芯

钢芯　焊接用钢与钢材生产高度相关。根据我国相关机构统计，目前我国成熟的碳钢及合金钢的品种共有 1203 种，从理论上说这些材料都可以成为焊条焊芯的备选材料。

▲　钢芯焊条

有色金属芯　对于有色金属如铝、铜等，需要使用有色金属焊材，其焊芯也需选择同类金属，目前我国在售较为成熟的有色金属焊条主要有铝焊条、铜焊条、镍基合金焊条及钴基合金焊条等。

▲　铝焊条

▲　铜焊条

多彩药皮

　　焊条组成物中最为多样的就是药皮，药皮中有造渣的矿石，也有增加合金化的铁合金，还有制造保护气体的有机物。

　　造渣矿石　药皮中所含矿石的种类最多，药皮常用矿石有石英或水晶（SiO_2）、萤石（CaF_2）、金红石（TiO_2）、云母 [$KAl_2(AlSi_3O_{10})(OH)_2$] 等，其中金红石研磨制成的钛白粉（粉底）与云母粉（眼影），还是高端彩妆的主要成分。

云母（白色部分）

萤石

▲ 常见造渣矿石

水晶（SiO$_2$）

金红石（黄色）

▲　常见造渣矿石

铁合金　在钢铁工业中一般还把所有炼钢用的中间合金，不论是否含铁（如硅钙合金），都称为铁合金。焊条药皮中添加铁合金的主要目的是脱氧和补充合金的烧损。

铌铁

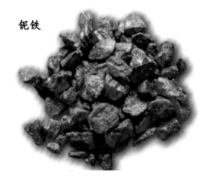

钒铁

钛铁

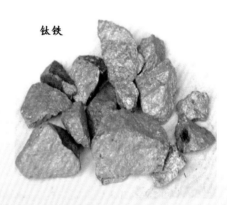

▲　常用铁合金

造气的有机物 焊条药皮中除了有大量天然矿石在燃弧时造渣来保护熔池外，还要添加一部分造气的有机物，其中包括纤维素、酚醛树脂等。有机物燃烧产生大量的二氧化碳等气体可以隔绝空气中的氧气和氮气，起到保护焊缝的目的。

添加了大量有机纤维素的纤维素型焊条，还可以实现向下立焊，成为我国"西气东输"工程的定制焊材。

耐高温的黏结剂 焊条药皮是将各个组元破碎成粉末后，经过黏接挤压成形制成的，在考虑黏结剂时，电弧焊工作温度成为首要问题。

目前焊条生产选用硅酸钠的水合物即水玻璃（$Na_2SiO_3 \cdot 9H_2O$）。它可以耐受1000℃的高温，做焊条黏结剂非常合适。

▲ 焊接用木质纤维素

▲ 硅酸钠水玻璃

焊条制作

焊条是由焊芯与药皮组成的。焊芯材料通过冶炼单位获取，而药皮需要特殊配制，一般是将药皮中的物质（矿石、铁合金、纤维素及水玻璃等）通过混料机混合，制成药皮成料，再将成料与焊芯放入焊条成型机，通过挤压即可制成焊条。

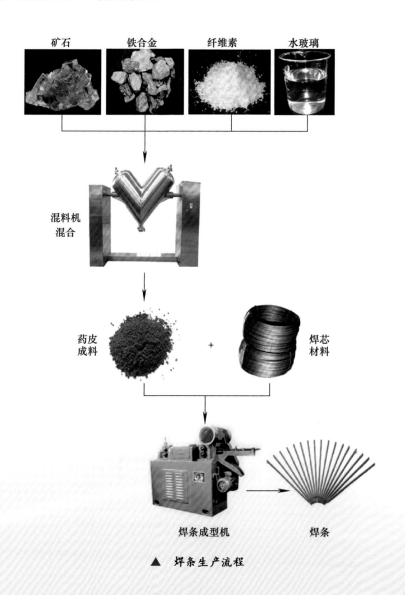

▲　焊条生产流程

不可思议的水下焊条

一般情况下，在空气中焊接难度就比较大了。由于人类的活动深入海洋，有时候水下的结构要是出现问题，需要在水下进行焊接工作，这时候水下焊条就有了用武之地。水下焊条具备防水特性，同时具有很强的还原性，可以保证水下焊接时焊缝的质量。

目前在售焊条有进口的美国海军专用的 BROCO 水下焊条及国产的 TS202、TS206 水下焊条。

▲ 水下焊接示意图

▲ 深海水下焊

四、焊接真功夫

平焊

平焊是指焊接水平位置或倾斜角度不大的焊缝。焊条位于焊件之上，焊工俯视焊件进行焊接，是焊接全位置中最容易操作的位置。

▲　平焊示意图

▲　平焊实操

立焊

立焊是指沿接头由上向下或由下向上焊接。焊缝倾角90°（立向上）、270°（立向下）的焊接位置，称为立焊位置。在立焊位置进行的焊接,称为立焊。

 立焊实操　▶

向下立焊　　　　　　　　　　　　　　　　向上立焊

▲　立焊示意图

横焊

　　横焊是焊接垂直或倾斜平面上水平方向的焊缝。由于横焊具有金属液体流淌的特性，进行工艺操作时应尽可能采用短弧、小电流焊接，同时选用较细的焊条以及适当的运条方法。

▲　横焊实操　　　　　　　　　　　▲　横焊示意图

仰焊

　　仰焊就是焊接中，焊接位置处于水平下方的焊接。仰焊是四种基本焊接位置中操作难度最大的焊接方式，由于焊接时金属流淌问题较为严重，所以焊接时需要严格控制热输入，同时焊工需要掌握"挑"焊技能，避免金属流淌。

▲　仰焊示意图

▲　仰焊实操

五、个人防护

　　焊条电弧焊工作条件较差，焊接过程伴随弧光辐射、熔化金属飞溅等问题，所以焊接工作需要较好的防护，一般需要护目镜、手套、焊接围裙、防砸鞋等。

护目镜

焊接围裙

手套

防砸鞋

▲　焊接个人防护示意图

第七章

熔化极气体保护焊

一、发展历程

随着电弧焊技术的发展，采用连续熔化的金属丝为电极、惰性气体为保护气体的熔化极惰性气体保护焊（MIG）出现了。起初为氦气保护，由于氩气较为便宜，随后氩气在 MIG 焊中被广泛应用。

1953 年，苏联柳波夫斯基、日本关口等人发明了 CO_2 气体保护电弧焊。因为 CO_2 更加便宜且易取得，形成了 CO_2 为保护气体的活性气体保护电弧焊（MAG）工艺。同时研究者使用短路过渡法减少飞溅，进一步提高了 CO_2 气体保护焊工艺的焊缝质量，使得该工艺广泛推广。1954 年，美国 Lincoln 电气在气体保护焊基础上将焊丝中间放入焊剂形成了自保护药芯焊丝，自此自保护药芯焊丝在全世界开始应用。

二、基本概念

熔化极气体保护焊是指利用焊丝与焊件间产生的电弧作为热源将金属熔化的焊接方法。在焊接过程中，电弧熔化焊丝和母材形成的熔池及焊接区域在保护气体的保护下，可以有效地阻止周围环境空气的有害作用。

该类工艺最大特征就是电极熔化参与金属过渡，按照气体类型一般分为惰性气体保护焊和活性气体保护焊。

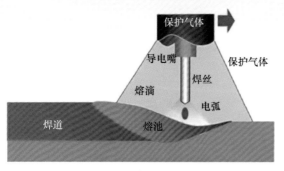

▲ 熔化极气体保护焊示意图　　　　▲ 熔化极气体保护焊焊缝

三、系统构成

　　熔化极气体保护焊系统比钨极氩弧焊系统更加复杂，除了焊枪中的气路以外，还需要自动送丝系统以及相应的供电、冷却系统。

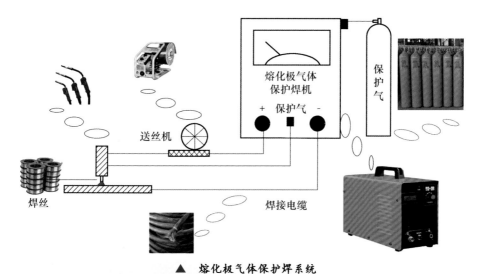

▲ 熔化极气体保护焊系统

焊接电源

　　应用于熔化极气体保护焊工艺的电源有很多种，由于目前细丝气体保护焊工艺应用成熟，应用于该工艺的电源额定电流一般不超过

500A，实际生产中有 CO_2 专用电源，没有 MIG 专用电源，MIG/MAG/CO_2 三种工艺的焊接电源可以通用，统称为熔化极气体保护焊电源。

▲　二氧化碳专用焊机

▲　通用气体保护焊机

自动送丝系统

自动送丝系统由送丝机（包括电动机、减速器、校直轮和送丝轮）、送丝软管、焊丝盘等组成。

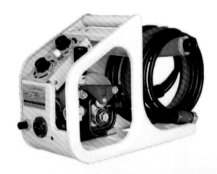

▲　自动送丝系统

焊枪

焊枪的作用是传导焊接电流、导送焊丝和保护气体。通过更换不同孔径的导电嘴，可以使用不同丝径的焊丝，同时焊枪内部布置有气路、水路（部分水冷焊枪有），用于焊接保护与焊枪冷却。

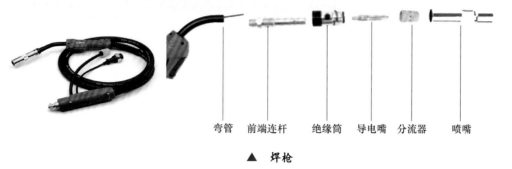

弯管　前端连杆　　绝缘筒　导电嘴　分流器　　喷嘴

▲ 焊枪

四、分类

熔化极气体保护焊，按照焊芯分类可以分为药芯与实心两大类。实心焊丝必须用气体保护，根据保护气体不同实心焊丝也可分为熔化极惰性气体保护焊、熔化极活性气体保护焊、CO_2 气体保护焊。

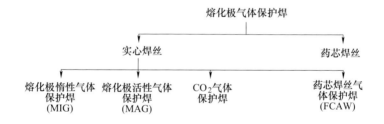

▲ 熔化极气体保护焊分类

▲ 二保焊实操

CO_2 气体保护焊

CO_2 气体保护焊全称为二氧化碳气体保护电弧焊，简称为二保焊。保护气体是 CO_2，主要用于半自动焊。焊接时 CO_2 分解成为 $CO+O$，焊缝金属区域具有轻微的氧化性，熔融金属流动性好，在常规焊接时通常为短路过渡，飞溅多。但是

由于 CO_2 价格较低，同时焊缝质量较好，因此该方法成为碳素结构钢、低合金结构钢的重要焊接方法之一。

CO_2 气体

焊接用 CO_2 气体一般是将其压缩成液体储存于钢瓶内。CO_2 气瓶的容量为 40L，可装 25kg 的液态 CO_2，气瓶外表涂铝白色，并标有黑色"液化二氧化碳"字样。

减压及预热装置

由于液态 CO_2 转变成气态时，要吸收大量的热，再经减压后，气体体积膨胀，会使温度下降。为防止气路冻结，在减压之前要将 CO_2 气体通过预热装置进行预热。预热装置采用电阻加热方式，功率在 75~100W 之间。

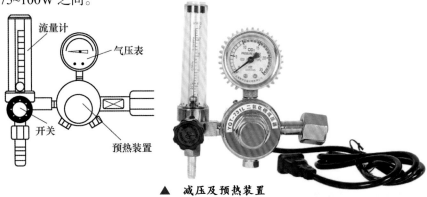

▲ 减压及预热装置

CO_2 气体保护焊焊丝

由于 CO_2 气体保护焊使用 CO_2 作为保护气体，CO_2 在高温时具有较强的氧化性，一般 CO_2 气体保护焊是不能应用于铝、镁、钛等活泼金属焊接的。目前该工艺主要用于碳钢、低合金钢的焊接，其焊丝要求也非常苛刻，必须含有较多的脱氧元素（如锰和硅等）。同时为了焊丝拉拔成形，一般焊丝碳的质量分数控制在 0.1% 以下，并严格控制硫、磷含量。目前 CO_2 气体保护焊最常用的焊丝为 ER49-1 和 ER50-6。

熔化极惰性气体保护焊 MIG

MIG 采用焊丝作为电极，在惰性气体（氩气或氦气）保护下，电弧在焊丝和焊件之间燃烧，焊丝不断熔化向熔池过渡，与母材金属熔合，经冷却凝固后形成焊缝。熔化极氩弧焊按其操作方式有熔化极半自动氩弧焊和熔化极自动氩弧焊两种。

▲　**MIG 焊实操**

MIG 焊焊丝

MIG 焊使用的焊丝成分通常应与母材接近，并能够提供良好的接头性能。目前市场上 MIG 焊焊丝直径一般在 0.8~2.5mm 之间，使用焊丝前应注意清理焊丝表面。

▲　**MIG 焊焊丝**

惰性气体减压器

MIG 焊与 TIG 焊一样都使用惰性气体保护，使用的气体减压器也完全相同。选用减压器的原则首先是考虑气体类型，常用的惰性气体有两种，即氦气、氩气，这两种气体也有相应的减压器在售。在考虑气体以后，还可以对应减压器次级来选择合适的类型，次级一般分为流量表与压力表两种，焊接工作者可以根据自身需要选取。

▲ 氩气减压器

熔化极活性气体保护焊 MAG

MAG 是熔化极活性气体保护电弧焊的英文简称。它是在焊接过程中应用了氧化性气体（O_2、CO_2 或其混合气体）的焊接方法。目前 MAG 多采用氩气与氧化性气体混合而成的一种混合气体为保护气体进行焊接。

目前工业生产上采用最多的是 80%Ar（氩气）＋ 20%CO_2 的混合气体（体积比），由于混合气体中氩气占的比例较大，故常称为富氩混合气体保护焊。

常用活性混合气体

Ar 中加入不超过 5%（体积比）O_2 的混合气体，主要应用于不锈钢、高合金高强钢焊接。由于该类钢种合金元素多，钢液黏度大，加入氧后可以有效降低钢液黏度，方便气体上浮，解决气孔问题。

Ar＋CO_2 这种气体被用来焊接低碳钢和低合金钢。常用的混合比（体积比）为 80%Ar ＋ 20%CO_2。它既具有 Ar 弧电弧稳定、飞溅小、容易获得轴向喷射过渡的优点，又具有氧化性，可以降低钢液黏度，减少焊缝余高，增加熔深。

用 80%Ar +15% CO_2 + 5%O_2 混合气体（体积比）替代富氩混合气体是目前工业应用研究的热点，目前发现该种保护气体在焊接低碳、低合金钢时，焊缝质量比之前两种保护气体都有提高。

混合气体配置

为了完成 MAG 焊接工艺，需要按照比例配置混合气体，对于大批量的工业生产，气体生产商可以按照要求配置并装瓶。对于特殊小批量混合气体，可以使用气体混合器来单独配置。

▲　气体混合器

药芯焊丝

药芯焊丝也称为粉芯焊丝、管状焊丝，分为加气保护和不加气保护两大类。药芯焊丝表面与实心焊丝一样，是由塑性较好的低碳钢或低合金钢等材料制成的。

根据药芯焊丝的横截面形状，可分为简单断面的 O 形和复杂断面的折叠型两类，折叠型又可分为梅花形、T 形、E 形和中间填丝型等。

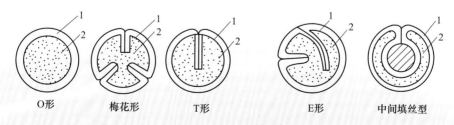

O形　　梅花形　　T形　　E形　　中间填丝型

▲　**药芯焊丝的横截面形状**
1—钢带　2—药粉

脉冲焊

采用电子电路控制技术，使焊接电流呈现强弱交替的现象，焊丝熔化受脉冲电流大小影响，呈现脉冲式变化的焊接过程称为脉冲焊。由于脉冲形式对熔滴过渡有显著影响，目前工业领域根据熔滴过渡形式给脉冲焊命名，呈现一个脉冲峰值过渡一个熔滴，称为一脉一滴，呈现几个脉冲峰值过渡一个熔滴，称为多脉一滴。

五、焊接自动化

焊接机器人工作站

熔化极气体保护焊是目前自动化程度最高的焊接工艺，其中机器人焊接占大部分。焊接机器人其实质为机器人＋焊接系统。机器人使用的是常规的六轴机器臂。该种机器人除了焊接工艺外，在铸造、搬运、码垛等其他工业领域也有大量应用。焊接系统包括电源、送丝机、保护气路等焊接附件。随着智能制造等先进技术发展，焊接机器人在传感、识别、智能化领域也有着长足进步，未来焊接将是机器人的天下了。

▲ 焊接机器人工作站

焊接机器人典型应用

焊接机器人目前已广泛应用在机车制造业，底盘、承重柱、覆盖件、尾气喷管以及液力变矩器等焊接中，尤其在汽车底盘焊接生产中得到了广泛应用。

第八章

钨极氩弧焊

扫一扫，了解
氩弧焊

一、发展历程

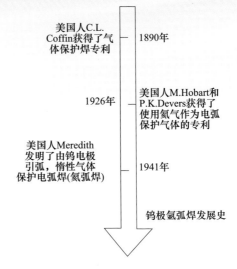

美国人C.L.
Coffin获得了气
体保护焊专利 — 1890年

1926年 — 美国人M.Hobart和
P.K.Devers获得了
使用氦气作为电弧
保护气体的专利

美国人Meredith
发明了由钨电极
引弧，惰性气体
保护电弧焊(氦弧焊) — 1941年

钨极氩弧焊发展史

二、基本概念

钨极氩弧焊，俗称为氩弧焊，是采用不熔化的钨极作为电极，惰性气体氩气为保护气体，引燃电弧作为焊接热源的焊接方法。

为什么是钨？

钨是一种金属元素。钨的化学元素符号是 W，纯钨的熔点是 3410℃，是目前发现的所有纯金属中熔点最高的。氩弧焊的电弧热量非常高，所以必须要采用具有高熔点的金属材料，同时自爱迪生发明白炽灯以来，钨材料已经被广泛应用，价格也不高。这样一来，钨材料就是首选材料了。

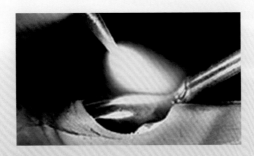

◀ 氩弧焊

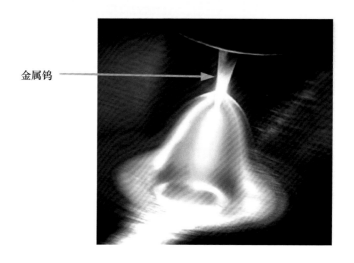

金属钨

▲ 钨电极电弧

氩弧焊中持续维持电弧燃烧的部件就是钨电极,由于电弧燃烧时热量极大,电极的工作温度在不断提高。目前纯钨电极使用较少,一般是钨金属掺入钍、铈、镧、锆等元素制成的,有着非常好的性能。

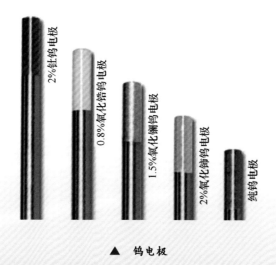

2%钍钨电极
0.8%氧化锆钨电极
1.5%氧化镧钨电极
2%氧化铈钨电极
纯钨电极

▲ 钨电极

其中铈钨电极还是我国最先发明的，它的发明人是上海灯泡厂技术员王菊珍，1987 年铈钨电极发明被授予国家技术发明奖一等奖。

▲　王菊珍

为什么用氩气？

氩是为数不多的单原子气体，分子式 Ar，无色无味，氩相对分子质量 39.948，比空气（相对分子质量 28.959）重。氩气属于惰性气体，自然界的氩气不参与任何形式的化学反应，也不溶于液态金属，其化学性质极为稳定。

由于在焊接过程中金属经受高温并熔化，为了保护熔融金属，需要选用氩气作为保护气体。氩气供气时采用灰色钢瓶。

三、系统构成

钨极氩弧焊系统相比于焊条电弧焊系统，要复杂一些，除了电焊机、焊枪以外，整个系统还需要增加保护气路，同时采用侧面送丝的系统，大电流时，还需要配备水冷系统。在人工操作时需要两手参与，操作起来有点难。

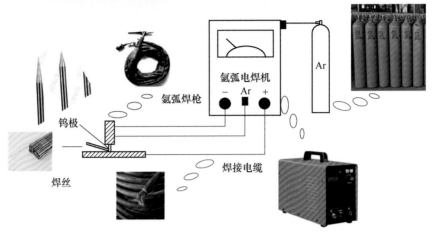

钨极

焊丝

氩弧焊枪

氩弧电焊机

Ar

焊接电缆

▲ **钨极氩弧焊系统**

氩弧焊枪

　　钨极氩弧焊工艺中，最为重要的设备就是氩弧焊枪，一把焊枪具有气路、电路、水路（水冷枪）很多部分，非常复杂。一把好焊枪对工艺的实现有很好的帮助。

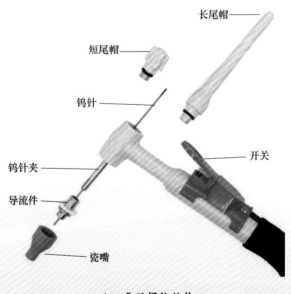

长尾帽

短尾帽

钨针

开关

钨针夹

导流件

瓷嘴

▲ **氩弧焊枪结构**

保护气路

保护气路可以给焊枪提供保护气体。保护气路一般包括钢瓶、减压器、气管。钢瓶中存储的氩气由于压力高（12~15MPa）不能直接接到焊枪，需要用气体减压器减压，再通过气管连接到焊枪，此时焊枪喷出的保护气体气压较低，可以在焊接时为电弧和熔池提供保护。

氩弧焊材料

氩弧焊由于电极不熔化，电弧纯净，几乎可以焊接任何金属，其焊接材料也非常多样，从规格上说，目前常见的焊丝直径有1.0mm、1.2mm、1.6mm、2.0mm、2.5mm。材料从碳钢、不锈钢到铝、镍等都有成品。

▲ 氩弧焊焊丝

四、钨极氩弧焊操作

钨极氩弧焊人工操作，要求双手完成两种不同的动作（送丝与移动），同时眼睛还要观察熔池，所以难度比焊条电弧焊大。

▲　钨极氩弧焊实操

五、自动钨极氩弧焊

随着制造业高效化、智能化的发展，自动钨极氩弧焊设备也在不断涌现，自动送丝的钨极氩弧焊已经广泛应用于管道焊接，在质量提升的同时，焊接效率也大幅提高。

▲　自动送丝的钨极氩弧焊焊枪

六、氩弧焊应用

氩弧焊由于钨极维持电弧燃烧，并不提供熔覆金属，所以氩弧焊熔池洁净，没有金属过渡问题，焊接质量极高，可以焊接铝、镁、钛等有色合金，也广泛应用于不锈钢、高合金钢等要求极高的结构上。下图所示为大国工匠高凤林大师在使用 TIG 焊接火箭整流罩冷却管。

▲　大国工匠高凤林大师在使用氩弧焊焊接火箭整流罩冷却管

第九章

等离子弧焊

一、发展历程

等离子电弧发现较早，一般认为是 1909 年德国人 Schonner 与美国人 R.M.Gage 共同发现的。同时两个人还工作于同一家公司 BASF——当今最大的化学品生产公司。

二、基本概念

等离子弧焊

利用机械机构将自由的钨极电弧压缩，电弧由原来的钟罩形变为笔直的直线形，能量高度集中，这就是新型的等离子弧焊。

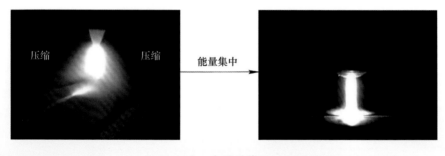

▲ 电弧压缩

等离子弧的形成

采用特殊焊枪将钨极内缩入喷嘴，同时喷嘴使用水冷，然后在水冷喷嘴中通过一定压力和流量的气体用于电离产生等离子气体（常用氩气），这种采用机械式外部拘束来压缩自由电弧的弧柱，使弧柱更加集中从而温度更高、能量密度更大，这种电弧被称为等离子弧。

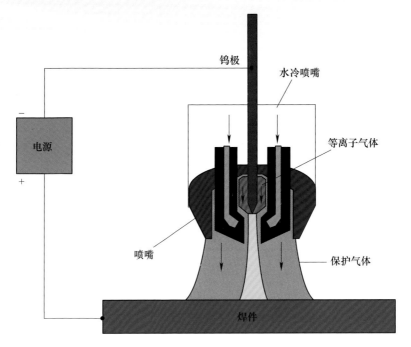

▲　等离子弧的形成

等离子弧的特点

　　等离子弧其实质是自由氩弧焊电弧的"增强版"。普通钨极氩弧的最高温度为 10^4~2.4×10^4K，能量密度在 10^4W/cm^2 以下。等离子弧的最高温度可达 2.4×10^4~5×10^4K，能量密度可达 10^5~10^8W/cm^2。

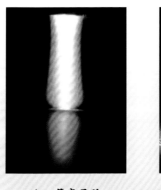

▲　等离子弧

▲　自由氩弧焊电弧

三、系统构成

　　等离子弧焊系统是所有弧焊系统中最为复杂的。它需要电路、气路、水路三路配合，其中等离子电源为核心设备，等离子焊枪是焊枪家族中设计最为复杂的焊枪之一，系统附件多，组成复杂，技术难度较高。

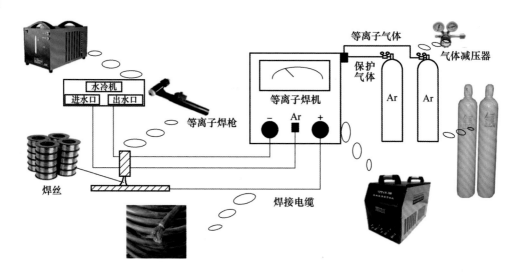

▲　等离子弧焊系统

等离子切割枪

　　等离子切割技术是比火焰切割更加先进的切割技术，该技术无须使用乙炔、丙烷等危险气体，安全性较高。其关键部件为等离子切割枪，主要包括电极、瓷咀、导向轮等。

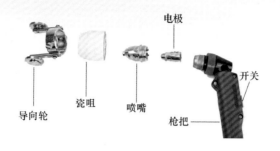

電極

开关

导向轮　　瓷咀　　喷嘴

枪把

▲　等离子切割枪

等离子焊枪

等离子焊枪是等离子焊接系统的关键设备。等离子焊枪中需要集成电路、水路、气路三路，同时为保证操作方便，还不能太重，所以它是常规焊接工艺中结构最为复杂的焊枪。等离子焊枪与钨极氩弧焊焊枪最大的区别就是等离子的钨针在焊枪内部，而钨极氩弧焊的钨针在焊枪外部。

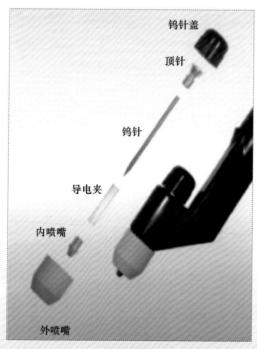

钨针盖

顶针

钨针

导电夹

内喷嘴

外喷嘴

▲　等离子焊枪

四、等离子弧的类型及应用

　　按电源连接方式和形成等离子弧的过程不同，等离子弧可分为非转移型、转移型和联合型（混合型）三种类型。

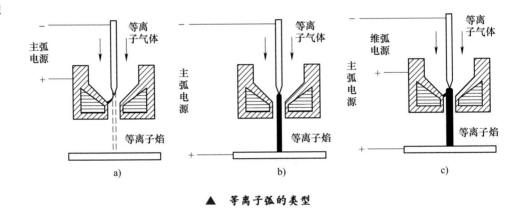

▲　等离子弧的类型

非转移型等离子弧

　　电源接于钨极和喷嘴之间，电弧是在钨极与喷嘴孔壁之间燃烧的，在离子气流压送下，弧焰从喷嘴中喷出，形成等离子焰。非转移型等离子弧主要在等离子弧喷涂时采用，由于喷涂时非转移型等离子弧电流很大，所以对喷涂枪要求很高，有时喷涂枪的好坏决定了整套系统的好坏。

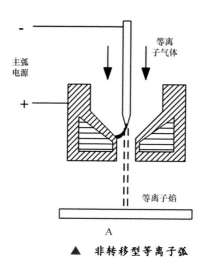

▲　非转移型等离子弧

转移型等离子弧

钨极接电源的负极，焊件接电源的正极，等离子弧燃烧于钨极与焊件之间。等离子弧切割、等离子弧焊接常用此类等离子弧。该种电弧笔直向下，挺度好，焊接质量比钨极氩弧焊更好。

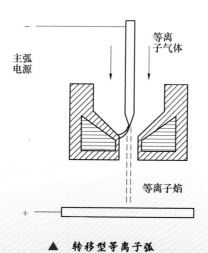

▲　转移型等离子弧

联合型（混合型）等离子弧

　　非转移型等离子弧和转移型等离子弧在工作过程中同时存在。联合型（混合型）等离子弧稳定性好，在电流很小时也可以保持电弧挺度，主要用于小电流（微束）等离子弧薄板焊接和粉末堆焊等工艺方法中。

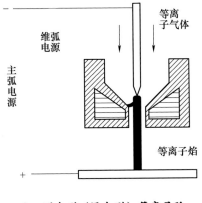

▲　联合型（混合型）等离子弧

第十章

埋弧焊

一、发展历程

据史料记载，埋弧焊是由前苏联罗比诺夫于 1930 年发明的。1935 年，美国的 Linde Air Products 公司完善了埋弧焊技术。

埋弧焊首次把正常工艺参数范围内的焊接电流从焊条电弧焊的不足 200A 一步提升至 600~700A，使生产率得到数倍提高。除此之外，埋弧焊还具有焊接质量好、电弧沿焊缝移动及焊丝送进均可自动进行、操作人员工作条件好等优点，使其问世 90 年来一直是常规焊接工艺方法中的佼佼者。埋弧焊工艺在坦克、舰船制造中的成功应用甚至使第二次世界大战呈现出机械化战争的明显特点。

自 20 世纪 70、80 年代以来，由于在常规埋弧焊方法基础上衍生出多种高效率的埋弧焊方法，更是极大地拓宽了该工艺方法的应用场合。

二、基本概念

埋弧焊是电弧在颗粒状焊剂层下燃烧的一种焊接方法。焊接电源的两极分别接至导电嘴和焊件。焊接时，颗粒状焊剂由焊剂漏斗经软管均匀地堆敷到焊件的待焊处，焊丝由焊丝盘经送丝机构和导电嘴送入焊接区，电弧在焊剂下面的焊丝与母材之间燃烧。

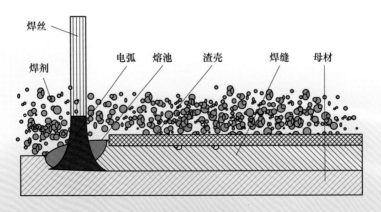

▲ 埋弧焊原理图

三、系统构成

完整的埋弧焊系统包括埋弧焊电源、运动机构、送丝机构、控制箱、焊剂送进机构、焊接材料及埋弧焊机头等。由于埋弧焊机头较重，所有埋弧焊系统都使用机械机构夹持进行焊接，没有手工埋弧焊。

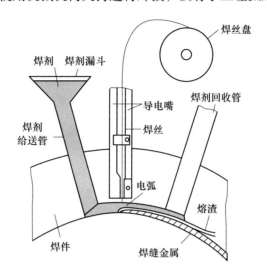

▲　埋弧焊系统示意图

埋弧焊电源

埋弧焊焊接效率高，一般使用较大电流，所以埋弧焊对应的电源一般功率较大，目前额定电流 1000A 的埋弧焊电源已经广泛使用。初级线缆截面积不小于 $16mm^2$，次级线缆截面积不小于 $150mm^2$。

埋弧焊小车

埋弧焊小车负责夹持埋弧焊机头，并完成焊接轨迹。小车上集成埋弧焊控制箱内装有电源接触器、中间继电器、降压变压器、电流互感器等元件，外壳上装有控制电源的转换开关、接线及多芯插座等。

▲ 埋弧焊电源

▲ 埋弧焊小车

悬臂式埋弧焊机

对于大型结构的埋弧焊，采用悬臂式布局。该种布局结构稳定，精度高，适合大型大批量埋弧焊。

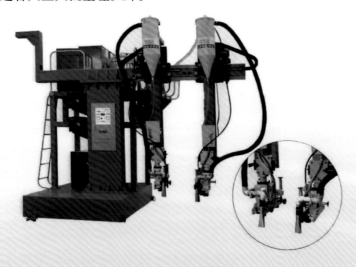

▲ 悬臂式埋弧焊机

四、埋弧焊材料

埋弧焊的焊接材料有焊丝、焊带和焊剂，它们的作用相当于焊条电弧焊的焊芯和药皮，作为电极和填充金属。埋弧焊普遍使用实心焊丝或焊带。按成分分类有：碳素结构钢焊丝（带）、合金结构钢焊丝（带）、不锈钢焊丝（带）。

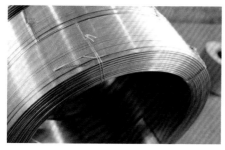

▲　埋弧焊焊丝

▲　埋弧焊焊带

在埋弧堆焊领域，为了进一步提高埋弧焊熔覆效率，埋弧焊可以使用金属带材作为电极，进行焊接，此种工艺称为埋弧带极堆焊，是制造双层金属结构的通用方法之一。

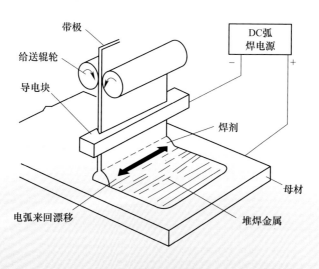

▲　埋弧带极堆焊

焊剂是颗粒状焊接材料，焊接时能够熔化形成熔渣和气体，保护熔池，对焊缝金属渗合金，改善焊接工艺性能。

五、典型应用

坦克

T-34 坦克是第二次世界大战前由前苏联哈尔科夫共产国际工厂设计师米哈伊尔·伊里奇·科什金领导设计的一款中型坦克，其底盘、防护装甲等关键部位的制造都引入了埋弧焊技术。由于埋弧焊生产率高，使得 T-34 坦克在"二战"期间具有惊人的产量。据不完全统计，从 20 世纪 40 年代到 50 年代，前苏联一共生产了 T-34 系列坦克 84070 辆，是德国"豹式"坦克产量的 3 倍多，可以说高效的埋弧焊技术是前苏联赢得机械化战争胜利的关键。

▲　俄罗斯红场阅兵中的老式 T-34 中型坦克

船舶

埋弧焊特别适合长而规则的大型结构焊接。对于坦克等中型陆战装备来说，埋弧焊的应用只是"牛刀小试"，真正让埋弧焊"大显神威"的要数船舶这种大型的装备。

"二战"期间是美国造船业的黄金时期，也是埋弧焊工艺推广最快的时期。在"二战"初期的美国，焊接的重要性已经得到了罗斯福总统的重视。他那时给英国丘吉尔首相发了一封信（据说丘吉尔首相对英国下院的议员们大声宣读了此信），信中提到："我们已经开发了一种焊接技术，使我们可以以工业造船史上前所未有的速度建造各种通用型商用船舶。"总统信中提到的技术就是指埋弧焊技术，它的焊接效率是那时其他焊接方法的 20 倍。

▲　美国"二战"中的企业号航空母舰

随着埋弧焊技术的普遍推广，整个"二战"期间美国共建造了2710艘自由轮、531艘胜利轮和525艘T-2型油轮用于战争。到1945年，按海事委员会战时造船计划，共给美国舰船局（ABS）建造了5171艘各种类型的船只。在造船史上的那段历史时期，焊接替代铆接成了主要的装配手段。1943年6月，加利福尼亚造船公司的6000名焊工和160名埋弧焊机操作工在1个月内建成了20艘自由轮，打破了美国纪录。左图所示为美国"二战"中的企业号航空母舰，该舰大量采用埋弧焊技术，曾在中途岛海战中与日本的航母会战，并获得全胜，可以说它是"二战"中美国海军的中流砥柱。

第十一章

电阻焊

扫一扫，了解
点焊

扫一扫，了解
缝焊

一、发展历程

电阻焊的发现最早要归功于著名的英国物理学家 James Prescott Joule（焦耳），1856 年焦耳发现了电阻焊原理，并成功用电阻加热法对一捆铜丝进行了熔化焊接。1885 年英国大发明家 Thompson Elihu（汤姆森）在美国发明了电阻焊焊机，并获得了电阻焊焊机的专利权。

▲　James Prescott Joule（焦耳）　　▲　Thompson Elihu（汤姆森）

1912 年，第一个使用电阻点焊焊接的全钢汽车车身在美国费城的 Edward G.Budd 公司顺利下线，开创了钢铁材料用于汽车制造的先河。1949 年，美国汽车生产商福特下线第一台使用弧焊和电阻焊工艺制造的全焊结构汽车。

2002 年中国按下了轿车进入家庭的快进键，至 2009 年中国就取得了汽车产销量双双突破 1300 万辆并排名世界第一的傲人成绩。

汽车制造由冲压、焊接、涂装、总装四大工艺构成，焊接是其中的重要部分。通常一辆汽车车身有几千个焊点，这些是用电阻点焊工艺完成的。

二、原理

电阻焊是将焊件组合后通过电极施加压力，利用电流通过接头的接触面及邻近区域产生的电阻热进行焊接的方法。

▲ 电阻焊设备

三、分类

电阻焊按照装配形式，可以分为搭接电阻焊与对接电阻焊，其中搭接电阻焊又可分为点焊、凸焊、缝焊，对接电阻焊可分为电阻对焊与闪光对焊。

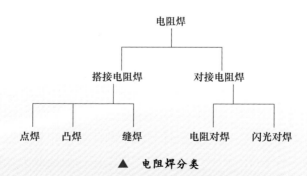

▲ 电阻焊分类

点焊

电阻点焊简称为点焊，是焊件装配成搭接接头，并压紧在两电极之间，利用电阻热加热母材金属，形成焊点的电阻焊方法。

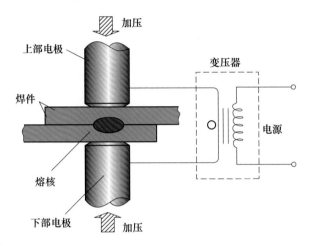

▲ **点焊原理**

▲ **电阻点焊**

凸焊

凸焊与点焊类似。带凸点焊件与不带凸点焊件相互接触，并通以大电流将两焊件加热至焊接温度，然后对电极施加顶锻力，顶锻力将已加热的凸点挤压变形，形成熔核。

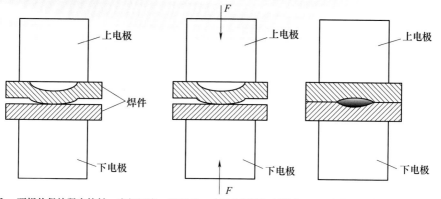

阶段Ⅰ：两焊件保持紧密接触，电极通电　　阶段Ⅱ：上下电极施加顶锻力　　阶段Ⅲ：熔核形成

▲　凸焊原理

缝焊

缝焊可以理解为滚动的点焊。焊件装配成搭接或斜对接接头后，放于两滚动电极之间，滚动电极转动送电，发生短路，短路电流加热焊件，然后滚动电极加压使焊件形成一条连续焊缝的电阻焊方法，称为缝焊。

▲　缝焊原理及实物图

电阻对焊

电阻对焊是将两焊件端面始终压紧，利用电阻热将其加热至塑性状态，然后迅速施加顶锻压力（或不加顶锻压力只保持焊接时压力）完成焊接的方法。

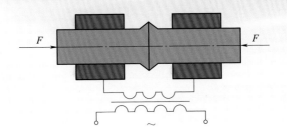

▲ 电阻对焊原理

闪光对焊

闪光对焊是指将两个焊件相对放置装配成对接接头，通电并使端面达到局部接触，利用电阻热加热这些接触点（产生闪光电弧），使端面凸起部分金属接触点加热熔化，迅速施加顶锻压力，最后形成焊接接头。

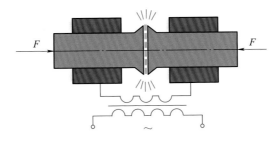

▲ 闪光对焊原理

▲ 钢轨闪光对焊

第十二章

钎焊

扫一扫，了解
感应钎焊

一、发展历程

公元前 200 年前，我国已经掌握了青铜的钎焊及铁器的锻接工艺。现代钎焊概念是被誉为"现代地球化学之父"的戈尔德施密特（Victor Moritz Goldschmidt）于 1900 年提出的。戈尔德施密特以结晶学为突破口，调查了元素的分布规律，出版了 9 卷 本 的《The Geochemical Laws of the Distribution of Elements》，是地球化学的重要开拓者与集大成者，也是现代冶金学的开荒人。

▲ V. M. Goldschmidt

二、基本概念

钎焊是利用熔点比母材（被钎焊材料）熔点低的填充金属（称为钎料），在低于母材熔点、高于钎料熔点的温度下，利用液态钎料在母材表面润湿、铺展和在母材间隙中填缝，与母材相互溶解与扩散，而实现零件间连接的焊接方法。我国进行钎焊的历史很长，如古代兵马俑中铜车马的构件连接就用到了钎焊。

▲ 钎焊铜车马

三、钎焊材料

钎焊工艺按照钎焊材料熔点温度高低分为两类。

软钎焊←450℃>钎焊材料熔点温度>450℃→硬钎焊。

钎焊材料包括钎料和钎剂。钎料和钎剂的合理选择是保证钎焊接头质量的关键。

钎料

钎料在钎焊过程中作为填充金属，其主要作用是形成焊缝。钎料种类繁多，按照使用温度可分为软钎料和硬钎料。

▲ 软钎料

▲ 硬钎料

钎剂

钎剂的作用是去除母材和液态钎料表面的氧化物，保护母材和钎料在加热过程中不被进一步氧化以及改善钎料在母材表面的润湿性能。

熔点在450℃以下的钎剂称为软钎剂，其中大量使用的为松香、胺类、有机卤化物等。硬钎剂指的是在450℃以上进行钎焊用的钎剂。常规钢铁材料的硬钎剂的主要成分是硼砂、硼酸及其混合物，以及某些碱（土）金属的氟化物、氟硼酸盐等添加剂。

▲ 松香

▲ 硼砂晶体

四、常见钎焊方法

烙铁钎焊

烙铁钎焊就是利用烙铁工作部（烙铁头）积聚的热量来熔化钎料，并加热钎焊处的母材而完成钎焊接头的钎焊方法。

由于手工操作，烙铁的重量不能太大，通常限制在 1kg 以下，否则就使用不便。但是，这就使烙铁所能积聚的热量受到限制。因此，它只能适用于以软钎料钎焊薄件和小件，多应用于电子、仪表等领域。

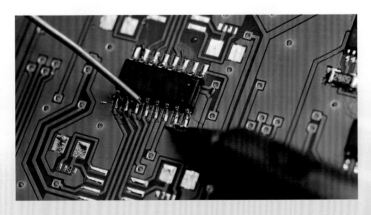

▲ 烙铁钎焊

火焰钎焊

火焰钎焊用可燃气体与氧气或压缩空气混合燃烧的火焰作为热源进行焊接。火焰钎焊设备简单、操作方便，根据焊件形状可用多火焰同时加热焊接。这种方法适用于自行车、电动车架、铝水壶嘴等中、小件的焊接。

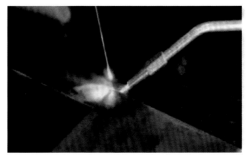

▲　火焰钎焊

感应钎焊

感应钎焊是利用高频、中频或工频感应电流作为热源的焊接方法。高频加热适用于焊接薄壁管件。

感应钎焊广泛用于钎焊钢、铜和铜合金、不锈钢、高温合金等具有对称形状的焊件，特别适用于管件套接，管和法兰、轴和轴套、车刀刀头、锯齿片的焊接。

▲　感应钎焊

真空钎焊

真空钎焊是真空中加热，钎料熔化、填缝凝固都在真空中进行。由于真空环境清洁度高，所以该工艺主要用于质量要求高的产品和易氧化材料的焊接。适合真空钎焊的材料很多，如铝和铝合金、铜和铜合金、不锈钢、合金钢、低碳钢、钛、镍、因康镍 (Inconel) 等，其中铝和铝合金应用最为广泛。

▲　真空钎焊

电阻钎焊

电阻钎焊又称为接触钎焊，是依靠电流通过钎焊处电阻产生的热量来加热焊件和熔化钎料的，广泛使用的是铜基和银基钎料。钎料常以片状放在接头处。

电阻钎焊可在通用电阻焊机上进行，也可采用专门的电阻钎焊设备和手焊钳。电阻钎焊的优点是加热极快、生产率高，适用于钎焊接头尺寸不大、形状不太复杂的焊件，如刀具、带锯、导线端头、电触点、电动机的定子线圈及集成电路块元器件的连接等。

▲　电阻钎焊

第十三章

焊接缺陷种类

焊接制造与其他工业生产的原则是一致的，也要在生产过程中和产品出厂前做各种检验，以便发现问题及时纠正。任何不负责任和投机取巧的行为都会引发重大事故。

1999年1月4日18时50分，重庆綦江彩虹桥整体垮塌，40人死亡，14人受伤。当然，酿成如此惨剧的原因很多，就焊接而言，经事后勘察发现，主拱钢管焊接存在严重问题：主拱钢管在工厂加工中，对接焊缝普遍存在裂纹、未焊透、未熔合、气孔、夹渣等严重缺陷，质量达不到施工及验收规范规定的二级焊缝验收标准。

那么这些缺陷的产生原因、危害及防止措施是什么呢？

一、气孔

产生原因及危害

焊接时，大量气体溶解在高温液态熔池中，当热源（如电弧、激光）移开后，气体的溶解度大大下降，并以气泡的形式从熔池中逸出，如气泡在熔池冷却凝固前来不及逸出，就会残留在焊缝金属中（内部或表面）形成空穴，称为气孔。气孔不仅破坏了金属结构的连续性，减小了焊缝的有效截面积，同时还会造成应力集中，导致焊接接头的强度和韧性显著降低。

防止措施

防止气孔产生可以采用如下措施。

（1）焊前注意将焊件、焊丝上的铁锈、油污等杂质清除。

（2）焊条、焊剂严格烘干，烘干后不得放置较长时间，减少其在空气中的暴露时间。

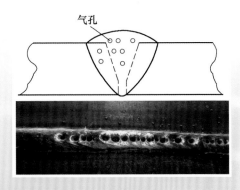

▲ 气孔缺陷

（3）焊前采用合理的温度预热，减缓冷却速度。

（4）焊接时保持稳定的焊接参数，焊接速度不能过快，电弧不能过长，对于低氢型焊条应尽量采用短弧焊，并适当摆动焊条，有助于气体逸出。

（5）防风措施严格，避免穿堂风等。

二、裂纹

定义

焊接裂纹是焊接件中最常见的一种严重缺陷。它是在焊接应力及其他致脆因素共同作用下，焊接接头中局部地区的金属原子结合力遭到破坏而形成的新界面所产生的缝隙。它具有尖锐的缺口和大的长宽比特征。

分类

一般习惯按裂纹产生的温度区间，分为三类。

（1）热裂纹：包含结晶裂纹、多边化裂纹和液化裂纹。

（2）冷裂纹：包含延迟裂纹、淬硬脆化裂纹和低塑性脆化裂纹。

（3）其余裂纹：包含再热裂纹、层状撕裂和应力腐蚀裂纹。

危害

焊接裂纹的产生削弱了焊接接头的有效承载面积，同时应力会集中在裂纹尖端位置，使裂纹尖端的局部应力远大于焊接接头平均应力。因此，有焊接裂纹存在的焊接接头往往容易发生脆性破坏。

防止措施

焊接时可以采取如下防止措施。

（1）使用低氢型焊条。

（2）焊条经 400~450℃烘干，炉内存放。

（3）焊前预热，焊后立即进行后热处理，缓慢冷却。

（4）采取合理的焊接顺序等措施，减少焊接应力等。

（5）尽量采用短弧焊接，减少气体进入熔池的机会。

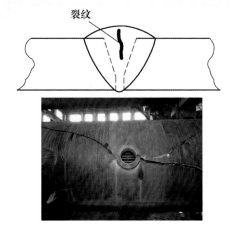

▲　裂纹缺陷

三、咬边

产生原因及危害

在焊接热源的加热作用下，母材边缘熔出的凹陷或沟槽没有及时得到熔化金属的补充而留下缺口称为咬边。咬边的形成主要是因为焊接参数选择不当或操作工艺不正确。过深的咬边会使焊接接头的强度减弱，造成局部应力集中，承载后会在咬边处产生裂纹。

防止措施

（1）焊接时需按正确工艺规程操作。

（2）正确选择焊接电流及焊接速度，适当掌握电弧的长度。

（3）正确应用运条方法和焊条角度，在平焊、立焊、仰焊位置焊接时，焊条（焊丝）沿焊缝中心线保持均匀对称的摆动。

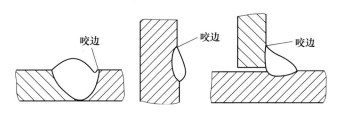

▲　**咬边缺陷**

四、未焊透

产生原因及危害

焊接时，焊接接头根部未完全熔透的现象称为未焊透。造成未焊透的主要原因是：①焊接电流过小导致熔深较浅；②坡口和间隙尺寸选择不合理；③钝边太大。未焊透的产生削弱了焊缝的有效截面积，降低了焊接接头的强度。同时，未焊透引起的应力集中严重降低了焊缝的疲劳强度。未焊透部分可能成为裂纹源，是造成焊缝破坏的重要原因。

防止措施

防止未焊透缺陷的基本方法是焊接时采用较大的焊接电流。合理设计坡口并保持坡口清洁、采用短弧焊等措施都可有效防止未焊透的产生。

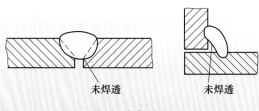

▲　**未焊透缺陷**

五、未熔合

产生原因及危害

熔化焊时，焊缝金属与母材之间或焊缝金属之间未能完全熔化结合的部分称为未熔合。造成未熔合的主要原因是焊接热输入小，焊接速度快或操作手法不恰当。坡口侧未熔合和根部未熔合明显减少了承载截面积，应力集中比较严重，其危害性仅次于裂纹。

防止措施

采用较大焊接电流，正确进行施焊操作并保持坡口的清洁，是防止未熔合产生的主要手段。

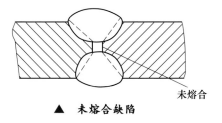

未熔合

▲ 未熔合缺陷

六、焊穿

产生原因及危害

焊接过程中，由于焊接参数选择不当，操作工艺不良，或者焊件装配不好等原因造成熔化的金属自背面流出，形成穿孔的现象称为焊穿。厚板焊接时的熔池体积较大，固态母材对液态金属的表面张力不足以承受其重力和电弧力的作用，造成熔池脱落，从而形成焊穿。薄板焊接时，如果电弧力过于集中，或者对缝间隙过大也会出现焊穿。此外，焊接电流过大、焊接速度过小都可能出现焊穿这种缺陷。焊穿属于严重的焊接缺陷，等同于对焊件形成了切割。

防止措施

焊接时应选择合适的焊接电流、合适的坡口角度和装配间隙。

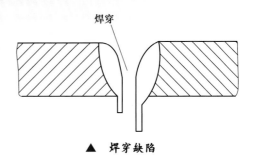

▲　焊穿缺陷

七、塌陷

产生原因及危害

单面熔化焊时，由于焊接工艺不当，造成焊缝金属过量透过背面，而使正面塌陷、背面凸起的现象称为塌陷。造成塌陷的主要原因是焊接时的热输入过大。塌陷削弱了焊接接头的承载力。此外，装配间隙大或焊接电流大也会造成塌陷。

防止措施

合理匹配焊接电流和焊接速度，减少熔池局部停留时间，对焊件的装配间隙进行严格控制。

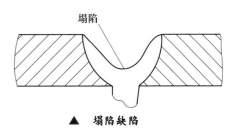

▲　塌陷缺陷

八、凹坑

产生原因及危害

焊后，焊道中心部的金属低于母材表面的局部低洼部分称为凹坑。造成凹坑的主要原因是焊接电流过大、焊缝间隙不足以及填充金属量不足等。凹坑的产生减小了焊缝金属的有效截面，造成应力不均匀地分布在焊接接头，使得焊接接头的强度被直接削弱，同时伴随有应力集中的倾向。

防止措施

（1）焊接时要选择合适的坡口钝边、角度、间隙。

（2）焊缝装配间隙严格保持均匀，适当增加单位时间内金属的填充量。

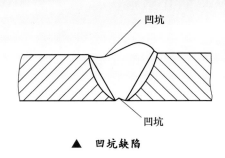

▲ 凹坑缺陷

九、夹渣

产生原因及危害

焊后，焊缝中存在块状或弥散状非金属夹渣物称为夹渣。造成夹渣的主要原因有：①焊接冶金反应过程中脱氧不完全，使得焊缝中的氧化物夹渣增加；②焊条药皮或焊剂中的硫化物含量较高，导致硫化物经冶金反应转入熔池中形成硫化物夹渣。夹渣属于固体夹杂缺陷的一种，是残留在焊缝中的焊渣。当受到外力的作用时，焊缝中的夹渣处成为裂纹源，导致焊缝强度下降甚至开裂。

防止措施

（1）合理选择焊条、焊剂，使其充分发挥脱氧、脱硫的作用。

（2）多层焊时，在每一层焊道施焊前，仔细地清理原焊缝表面的焊渣、熔滴和飞溅物等。

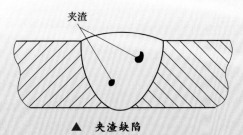

▲ 夹渣缺陷

十、焊瘤

产生原因及危害

焊接时，熔化金属流淌到焊缝之外未熔化的母材上所形成的金属瘤称为焊瘤。形成焊瘤的主要原因是由于焊接电流过大导致焊接热源对母材过长的加热时间，导致熔池温度升高，熔池体积增大，液态金属因自身重力作用下坠形成焊瘤。焊瘤大多存在于平焊、立焊焊缝中。焊瘤不仅影响焊缝的外观，而且在焊瘤下面常常存在未焊透等缺陷，容易引起应力集中。

防止措施

选择合适的焊接工艺、正确的运条角度。

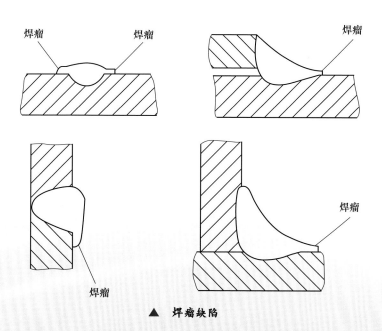

▲　**焊瘤缺陷**

十一、错边

产生原因及危害

两个焊件由于没有对正而造成板的中心线平行偏差称为错边。产生的原因主要是焊件对口不符合要求，焊工在对口不合适的情况下点固和焊接。错边后，设备在使用的时候可能会出现局部应力集中，错边处容易出现裂纹，甚至断裂。

防止措施

（1）对口过程中使用必要的测量工器具。

（2）借助焊接夹具对两焊件进行对齐校正。

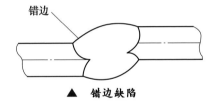

错边

▲ 错边缺陷

第十四章

无损检测技术

一、无损检测技术的重要性

"长尾鲨"号是美国第 3 代攻击型核潜艇长尾鲨级首艇，其满载排水量为 4300 t。1963 年 4 月 10 日，它在进行大深度潜航试验时，于波士顿以东 220 海里处沉没于 2590 m 深海，艇上全部 129 名官兵再也没回来。

经过调查发现，"长尾鲨"号核潜艇内直径 101.5 mm 以上的管路采用电弧焊焊接，101.5 mm 以下的次级管路则采用钎焊焊接。但由于建造时正值美、苏军备竞赛进入疯狂状态，工厂为了抢进度，省略了部分不容易检测的钎焊焊缝的无损检测，遗留了隐患，致使核潜艇深潜时，管路破裂，核潜艇上的官兵罹难。美国"长尾鲨"号核潜艇也成了世界上第一艘因焊接事故而长眠海底的核潜艇。

这次事故给全世界造船业敲响了警钟，从此各国造船业都无比重视无损检测工作。此次事故之后，各国因为焊缝质量问题出现的事故，呈明显下降趋势。

▲ 美国"长尾鲨"号核潜艇

二、无损检测的定义

无损检测就是利用物体的声、光、电、磁等特性，在不破坏物体的前提下，检测物体中是否存在缺陷，并给出缺陷的大小、位置、性质和数量等信息。我们常用的检测手段有超声检测、射线检测、磁粉检测和渗透检测。

▲　无损检测现场

三、常用的检测手段

射线

　　射线检测是利用射线可穿透物体和在物体中有衰减的特性来发现缺陷的一种检测方法。

　　射线检测的实质是根据被检焊件与其内部缺陷介质对射线能量的衰减程度不同，而引起射线透过焊件后的强度差异，使缺陷能在射线底片上或电视屏幕上显示出来。常用的射线有 X 射线和 γ 射线两种。

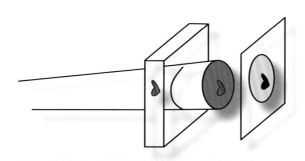

▲　成像技术示意图

X 射线检测

　　X 射线检测是指利用 X 射线机在高电压下释放 X 射线，利用 X 射线的高穿透性，穿透金属从而使胶片感光，由于金属缺陷处会出现

X 射线检测机 ▶

透射与散射，于是在底片上形成黑度不同的影像，据此来判断焊件内部缺陷位置、性质等情况的一种检测方法。X 射线透照时间短、速度快，检测厚度小于 30mm 时，显示缺陷的灵敏度高，但设备复杂、耗电大、费用高，穿透能力比 γ 射线小，无法全天候进行照射检测。X 射线机在通电时产生 X 射线，而平常不产生 X 射线，因此安全性相对较高，目前 X 射线检测是比较主流的射线检测方法。

γ 射线检测

当被检焊件厚度超过 30mm 时，X 射线就无法穿透了。对于大厚度的焊件检测，需要穿透性更强的 γ 射线。γ 射线能量远高于 X 射线，所以目前无法像 X 射线一样依靠发生器制造出来。γ 射线主要依靠放射性同位素来提供，所以 γ 射线源储存与使用的要求更高，平时射线源是封闭在铅盒中，使用时通过射线导引管导引到拍照位置进行拍照。右图所示为 γ 射线源。

▲ γ 射线源

射线探伤系统主要由射线源、铅光栏、滤板、标记带、铅遮板、暗盒（胶片）等组成，其中射线源、暗盒（胶片）是其中最为重要的检测设备。根据射线源类型不同可以使用 X 射线机以及放射性同位素 γ 射线源。下图所示为射线检测系统的基本组成。

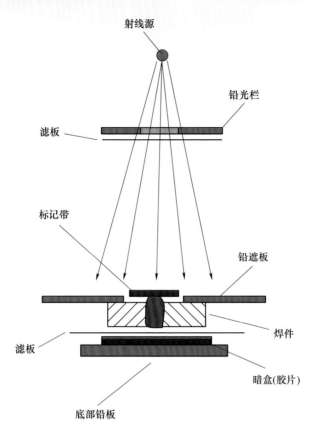

射线源

铅光栏

滤板

标记带

铅遮板

焊件

滤板

暗盒(胶片)

底部铅板

▲ 射线检测系统的基本组成

工业胶片是"工业用射线胶片"的简称。市场上一般有 X 射线、γ 射线工业胶片在售供应，特别是 X 射线工业胶片应用量最大。X 射线工业胶片在锅炉、压力容器、压力管线（如石油、液化气等）、重型机械的焊缝检测中都有应用，是目前应用最广的射线检测胶片。

◀ 工业胶片（暗盒）（袋）

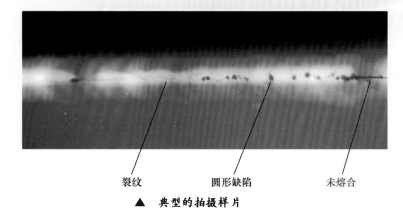

裁纹　　　　　圆形缺陷　　　　　未熔合

▲ 典型的拍摄样片

超声检测

频率高于 20000Hz 的机械波称为超声波，无损检测用的超声波频率范围为 0.2~25MHz，其中最常用的频率段为 0.5~10MHz。

利用设备所发出的超声回波来判断钢材中的缺陷，称为缺陷回波法。该方法以回波传播时间对缺陷定位，以回波幅度对缺陷定量，是脉冲反射法的基本方法。

下图所示为缺陷回波法的基本原理。当焊件完好时，超声波可顺利传播到达底面，检测图形中只有表示发射脉冲 T 及底面回波 B 两个信号，如下图所示。若焊件中存在缺陷，则在检测图形（下图 b）中，底面回波前有表示缺陷的回波 F。

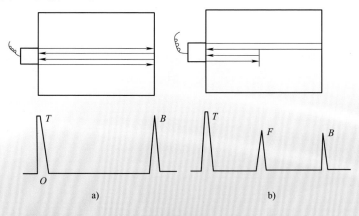

a)　　　　　　　　　　　　　b)

▲ 缺陷回波法的基本原理

超声波检测仪

超声波检测仪是一种常见的工业无损检测设备，可以精确、快速地进行焊件内部多种缺陷（裂纹、夹渣、气孔等）的检测、定位、评估和诊断。

超声波探头

常用的超声波探头由压电晶片组成，既可以发射超声波，也可以接收超声波。它有许多不同的结构，可分直探头（纵波）、斜探头（横波）、表面波探头（表面波）、兰姆波探头（兰姆波）、双探头（一个探头发射、一个探头接收）等。

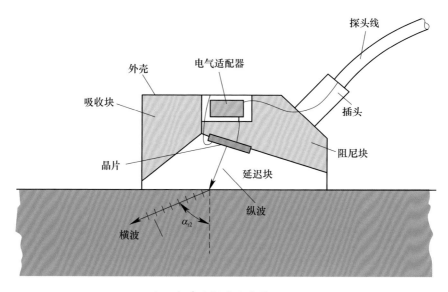

▲　超声波探头示意图

耦合剂

超声检测工艺与医用 B 超类似，由于超声传输过程中会有声波损失，为保证精度需要使用工业耦合剂。常用的工业耦合剂有医用甘油、医用琼脂等。

当使用在光滑材料表面时，可以使用高黏度的耦合剂；当使用在粗糙表面、垂直表面及顶表面时，应使用黏度低的耦合剂。高温焊件应选用高温耦合剂。其次，耦合剂应适量使用，涂抹均匀，一般应将耦合剂涂在被测材料的表面，但当测量温度较高时，耦合剂应涂在探头上。

磁粉检测

铁磁性材料焊件被磁化后，由于不连续性的存在，使焊件表面和近表面的磁力线发生局部畸变而产生漏磁场，吸附施加在焊件表面的磁粉，在合适的光照下形成目视可见的磁痕，从而显示出不连续性的位置、大小、形状和严重程度，这种方法称为磁粉检测。

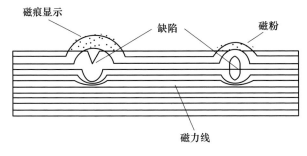

▲ 磁粉检测原理

磁粉检测机

磁粉检测机由磁化电源、磁化线圈、触头（支杆或夹钳）及线圈（开合式或闭合式）、指示装置、照明装置、退磁装置组成。它分为固定式和移动式，目前移动式应用较多。下图所示为移动式多用途磁粉检测仪。

移动式多用途磁粉检测仪 ▶

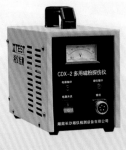

磁粉

磁粉是磁粉检测的关键耗材。粒度、磁导率都是衡量磁粉质量的重要指标，根据 JB/T—6063—2006，我国磁粉一般选用三氧化二铁作为粉末基材，配有干粉和湿粉两种检测规格。

渗透检测

渗透检测是将一种含有染料的着色或荧光的渗透剂涂覆在焊件表面上，在毛细作用下，由于液体的润湿与毛细管作用使渗透剂渗入表面开口缺陷中去。去除渗透剂后，原地喷涂显像剂。缺陷中的渗透剂在毛细作用下重新被吸附到焊件表面上来而形成放大了的缺陷图像显示，在黑光灯（荧光检验法）或白光灯（着色检验法）下观察缺陷显示。

渗透检测的基本流程：预清洗→渗透→清洗→显像→观察。

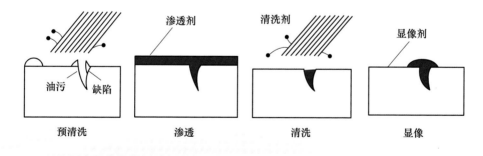

▲ 渗透检测原理

渗透检测对于表面缺陷极为敏感，同时除了钢铁材料可以应用以外，还可以应用于塑料、陶瓷等非金属。常使用便携式的灌装渗透检测剂，包括渗透剂、清洗剂和显像剂这三个部分。同时渗透剂有一定毒性，使用时需要保持通风。

第十五章

未来展望

扫一扫，了解
激光焊接

扫一扫，了解
搅拌摩擦焊

焊接技术已成为制造业的关键技术之一。焊接技术的发展将继续促进制造业的发展。材料的高性能和焊接性问题使得新材料的开发正在从黑色金属到有色金属，从金属材料到非金属材料，从结构材料到功能材料，从单一材料到复合材料进而提高焊接产品的质量和焊接效率。随着科学技术的发展和经济的进步，人们越来越重视节能减排、绿色环保。焊接技术的发展也必须把绿色节能放在首位。清洁生产是焊接生产的必然要求。高效节能的焊接工艺是高焊接效率的保证。绿色焊接技术在不同领域得到了广泛的应用，焊接技术正在朝着高效而智能的方向发展。

一、熔化焊最新技术

激光焊接技术

激光焊接是以聚焦的激光束作为热源轰击焊件接缝处实现连接的一种新方法。利用激光束优异的方向性和高功率密度等特性进行工作，通过光学系统将激光束聚焦在很小的区域内，极短的时间内在焊接区域形成高度集中的热源，使材料熔化并形成牢固的焊接接头。由于激光具有折射、聚焦等光学特性，因此激光焊接技术非常适合于微零件和可及性差的零件的焊接。激光焊接还具有输入热量低，焊接变形小，不受电磁场影响的特点。

目前，激光焊接主要应用在汽车车身的焊接、齿轮及传动部件焊接、飞机大蒙皮的拼接以及蒙皮与长桁的焊接等诸多方面。

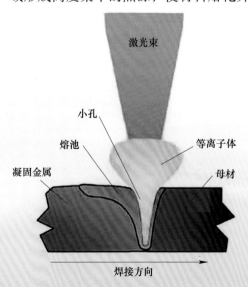

激光束

小孔

熔池

等离子体

凝固金属

母材

焊接方向

▲　激光焊接

电子束焊接技术

电子束焊接的基本原理是电子枪的阴极通过直接或间接加热来发射电子，电子被高压电场加速，然后被电磁场聚焦以形成能量密度极高的电子束。电子束用于轰击焊件，巨大的动能转化为热能，从而使焊接部位熔化，形成熔池完成焊接。

电子束焊接的优点是不用焊条、不易氧化、工艺重复性好及热变形量小，在航空航天、原子能、国防及军工、汽车和电气电工仪表等众多行业具有广泛的应用。

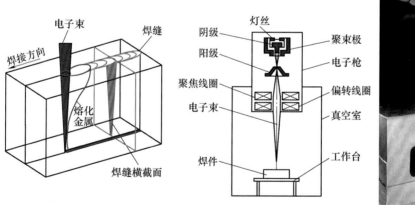

▲　电子束焊接

激光 - 电弧复合焊接技术

激光热源具有能量密度高、指向性好、介质传导透明的特点。而电弧的热电转换效率高、设备运行成本低、技术发展成熟，激光 - 电弧复合焊接技术结合了激光和电弧两个独立热源各自的优点。同时两者的有机结合使得该新型复合热源的能量密度更高、能量利用率更高，电弧稳定性更好，具有广阔的应用前景。

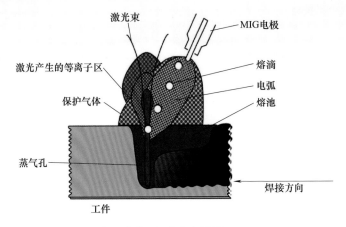

▲　激光－电弧复合焊接

双丝高效焊接技术

双丝高效焊接系统由两台焊机、两台送丝机以及一把焊枪组成，可以与焊接机器人结合使用。在焊接过程中，送丝机将两根焊丝通过两根送丝管送至焊枪的两个独立的导电嘴，在双电弧中被熔化，形成了一个熔池。

双丝高效焊接技术可以实现高速焊，也可以实现高熔覆率焊接；既可以在薄板结构中使用，也可以在大厚结构的焊接中发挥巨大作用。双丝高效焊接的两个电弧互相不干扰。

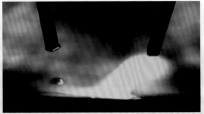

▲　双丝高效焊接

三丝焊接技术

在三丝焊接中，沿焊接方向，首先是引导弧，然后是跟随弧，两个电弧的中间是填充焊丝（冷丝）。同时送入冷丝和两根热丝，两根热丝的热量使冷丝熔化。两侧两条平行的热丝稳定了焊接过程，并确保了冷丝的稳定熔化。三丝焊接的优点是熔池表面光滑，焊接过程稳定，咬边、驼峰等成形缺陷少。

三丝焊接不仅大大提高了焊接效率，而且焊缝成形也比以往的双丝焊接工艺好。该方法采用同一个焊枪同时输送三根相互绝缘的焊丝，并可采用药芯焊丝或实心焊丝进行焊接，其焊接速度可达到1.8m/min。

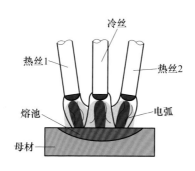

▲　三丝焊接

双面双弧焊接技术

双面双弧焊接是指使用两个相同类型或不同类型的电弧同时进行焊接。它的特点是热输入少，焊缝变形小，熔深显著增加并提高了生产效率。目前，典型的双面双弧为等离子弧与钨极氩弧（PA+GTA）。在实际的焊接过程中，当小孔形成后，双面对称电弧得到了不同程度的压缩，两焊枪之间的电弧电压下降，从而节省了能源，并且电弧穿过焊件并在焊件内被加热，从而提高了热效率并增加了熔深，特别适合焊接中厚板。

双面双弧焊接实现了用 90A 的电流一次全熔透 12.7mm 钢板，焊缝宽度小于 4mm 的焊接。

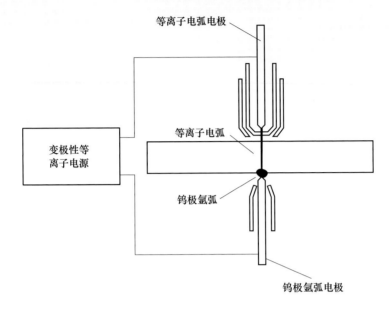

等离子电弧电极

变极性等离子电源

等离子电弧

钨极氩弧

钨极氩弧电极

▲ 双面双弧焊接技术

双钨极焊接技术

双钨极焊接即在同一个焊枪内部同时放置两个钨极，钨极之间距离很近（一般为 1~4mm），但彼此之间相互绝缘。这是相对于传统 TIG 焊和复合热源焊接最大的不同。

因为钨极之间的距离很近，两个钨极各自产生的电弧相互吸引，形成一个大的耦合电弧，共同对焊件产生作用。两个钨极相互绝缘，可以分别加载不同的电流形式。

双钨极氩弧焊较传统单钨极 TIG 焊接降低了电弧压力，提高了焊丝的熔敷率，因而在大电流、高速度焊接时，极大地减少了凹坑、咬边等缺陷，实现了良好的焊缝成形，从而改善了常规钨极氩弧焊不适合大电流、高速度焊接的不足，拓宽了钨极氩弧焊的使用范围，提高了焊接生产效率。

▲　双钨极焊接

缆式焊丝弧焊技术

　　缆式焊丝弧焊技术是一种高质高效的电弧焊技术。它通过焊接电源、送丝机和焊枪形成自主旋转的电弧，并同时熔化七根焊丝。目前该技术多用于船舶焊接。

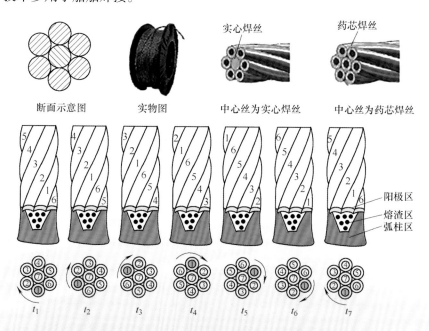

▲　缆式焊丝弧焊

二、固相焊最新技术

搅拌摩擦焊

搅拌摩擦焊利用高速旋转的搅拌头与被焊金属摩擦生热，通过搅拌摩擦及搅拌头对焊缝金属的挤压，使接头金属处于塑性状态，搅拌头边旋转边沿着焊接方向向前移动，被塑性化的材料在搅拌头的转动摩擦力作用下由搅拌头的前部流向后部，在热/机联合作用下形成致密的固相焊缝，进而实现材料的连接。

目前，搅拌摩擦焊已经成功应用于我国航空、航天、船舶、列车、汽车、电子、电力等工业领域中，从而带来了极好的社会和经济效益。

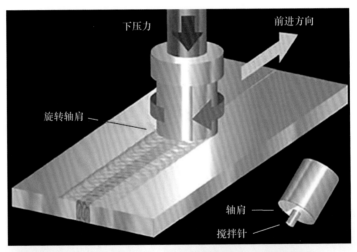

▲ 搅拌摩擦焊

惯性摩擦焊

　　惯性摩擦焊是一种典型的摩擦焊接工艺。惯性摩擦焊通过被焊接材料之间的摩擦产生热量，材料由于顶锻力的作用发生塑性变形和流动，实现与母材接合。惯性摩擦焊通过飞轮存储旋转的动能，以提供摩擦焊件所需的能量。焊接前，将焊件分别放入旋转端和滑动端，加速旋转端，主轴的驱动电动机在旋转端的转速达到设定值时与旋转端分离。滑动端通常由液压伺服机构驱动并向旋转端移动，当焊件相互接触时，会产生摩擦，飞轮驱动电动机的动力将被切断；旋转端的转速下降到设定值时，将对焊件进行顶锻，在一定时间后，滑动端退出，焊接过程完成。在实际生产中，可以通过更换飞轮或组合不同尺寸的飞轮来改变飞轮的转动惯量并改变焊接能量，提高焊接能力。

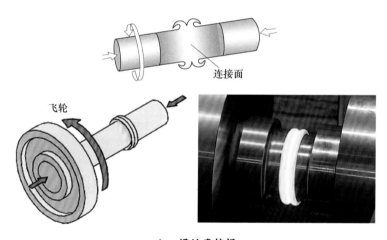

连接面

飞轮

▲　**惯性摩擦焊**

　　经过近40年研究和应用，惯性摩擦焊技术日臻完善，已成为制造航空发动机转子部件的主要焊接方法。

发动机压气机转子部件采用惯性摩擦焊 ▶

线性摩擦焊

1929 年德国的 Richter 和 1959 年前苏联的 Vill 分别提出了线性摩擦焊的概念。作为一种固相焊接技术，其中一个焊件在焊接压力的作用下相对于另一个焊件以一定的幅度和频率沿直线方向做直线往复移动。在剪切作用下，界面发生摩擦黏接产生摩擦热，使得摩擦界面处的温度升高。当摩擦界面产生黏塑性变形时，压力导致焊接区中的金属发生塑性流动产生飞边。随着摩擦焊接区的温度和变形升高到一定程度，焊件对齐并施加顶锻压力，焊接区的金属通过相互扩散和重结晶连在一起，从而实现焊接。该过程主要包括：初始摩擦阶段、不稳定摩擦阶段、稳定摩擦阶段、停振阶段和顶锻维持阶段。

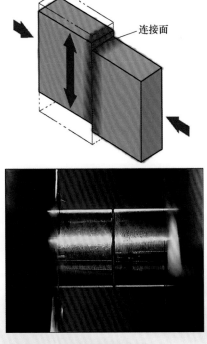

连接面

▲ **线性摩擦焊**

它具有的优势：

（1）加工效率高，材料损失少。与数控铣削相比，线性摩擦焊可节省大量贵金属并提高金属利用率。焊接过程是全自动的，人为因素很小，并且可以轻松控制焊接参数，如压力、时间、频率、振幅，其可靠性高，效率也大大提高。

（2）焊接质量高。在焊接过程中没有与熔融/凝固冶金有关的焊接缺陷和焊接脆化问题，并且加热时间短，因此热影响区较窄，组织无明显粗化。焊接铝和钛合金材料可以更好地体现其优势。

（3）可以焊接两种不同的材料。

线性摩擦焊已成功应用于战斗机发动机整体叶盘、空心叶片叶盘等的制造。

▲ 线性摩擦焊叶片叶盘

超声波焊接技术

超声波焊接作为一种固相焊接方法，在超声频率（16kHz 或更高）的机械振动能量与静压的共同作用下可以连接同种或异种金属、半导体、塑料和陶瓷等。

超声波焊接是焊件在外部压力的作用下，利用超声波的高频振荡使焊件接触表面剧烈摩擦，产生摩擦热，清除表面氧化物，达到金属原子结合而完成焊接的一种方法。在整个焊接过程中，没有电流流过焊件，也没有外加的高温热源，被焊接材料一般不会发生熔化，也不使用焊剂和填充金属，是一种特殊的固态压焊的方法。在静压力及弹性机械振动能的共同作用下，将弹性机械振动能变成焊件间的摩擦，界面处产生形变，温度升高，从而使焊件在固态下实现焊接。

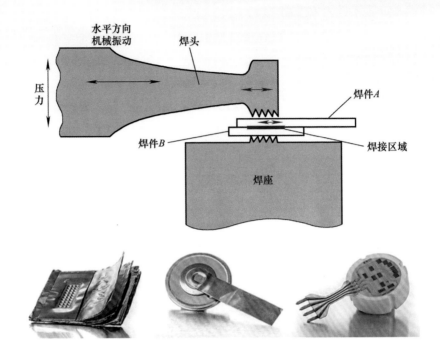

▲ 超 声 波 焊 接

瞬间液相扩散焊

瞬间液相扩散焊是一种目前在国际上被广泛应用的复合材料焊接技术。该焊接方法的基本原理为：采用化学成分与母材比较接近但是熔点较低的中间层合金，在加热到连接温度时，中间层合金发生熔化形成液相，在外界力 F 的作用下，液体中间层润湿母材表面，从而填充毛细间隙，形成致密的结合界面；在保温过程中，借助于液/固相之间的相互扩散使液相合金的成分向高熔点侧变化（如下图中放大区域 A 所示），最终发生等温凝固以及固相成分的均匀化过程。

该技术综合了钎焊和固相扩散焊两种工艺的优点，克服了两种工艺的不足。该焊接方法在先进陶瓷材料、金属基复合材料的结合方面具有广阔的应用前景。

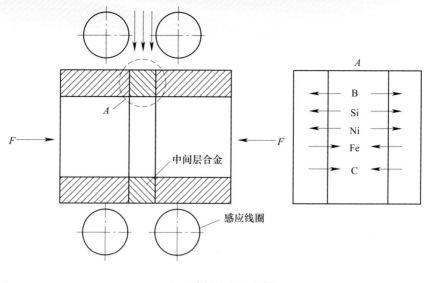

▲　瞬间液相扩散焊

三、增材制造

电弧熔丝增材制造技术

电弧熔丝增材制造是以金属丝材产生的电弧作为热源，熔化金属丝材实现金属堆积成形。电弧熔丝增材制造技术具有效率高、成本低、易实现自动化的特点，是增材制造的重要发展方向之一。这种增材制造的新方法，已应用于大型模具的制造，军用车辆的履带、导向轮修复及复杂结构件的制造。

3D打印出的大型　　　　二次加工处理后
金属零件（未处理）

▲　电弧熔丝增材制造技术

激光增材制造技术

激光增材制造技术是以激光作为热源，通过材料堆积法制造实际零件。

金属粉末在高能量密度的作用下完全熔化，经冷却凝固而成形。

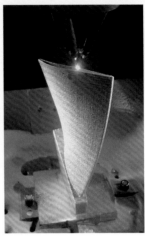

▲ 激光增材制造技术

电子束增材制造技术

在真空环境中，送进的金属丝或预先铺放的金属粉末被电子束熔化，并按照预先规划的路径逐层堆叠以形成致密冶金结合物，金属零件或近净成形毛坯便得以制造完成。电子束增材制造技术成形速度快、周期短，有利于大型结构的高效增材制造，同时，由于在真空环境下不易混入杂质，能够获得优质内部质量的增材件，所以这种技术可以用于太空失重环境下增材件的成形制造。

采用电子束增材制造卫星燃料储箱，半球形罐组件的直径为 46in，加工周期减少 80%，成本降低 55%，原材料节省 75%。

▲ 电子束增材制造技术

激光 / 电弧复合增材制造技术

常见的金属增材制造方法多以激光等高能束作为热源，而激光热源的低效率和高成本限制了其在形成大型零件中的应用。增材制造使用电弧作为热源的方法虽然效率高、成本低，但是部件的表面成形质量差。而激光 - 电弧复合热源兼顾了激光焊接和电弧焊接的优点，通过添加激光可以稳定焊接电弧，提高焊接稳定性，电弧也发挥了熔化焊的高效性。对于垂直壁增材制造工艺，使用复合热源减少了熔池流动，改善了成形零件的表面质量，并使零件的整体微观组织更加均匀。

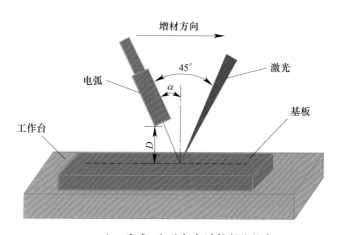

▲　激光- 电弧复合增材制造技术

双丝电弧原位制备金属间化合物及功能梯度材料

这种方法利用双丝电弧热源，将两种金属焊丝同时送入钨极气体保护焊的熔池中，采用优化的多丝焊接参数，实现原位制备金属间化合物及功能梯度材料。这是一种全新的原位制备金属间化合物及功能梯度材料的方法。

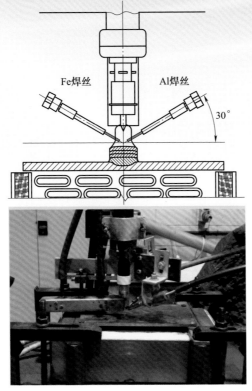

▲ 原位制备金属间化合物及功能梯度材料

与传统工艺相比，新方法显著节约时间、降低成本。实验结果表明，通过调整纯金属丝的送丝比例，可以准确地在多丝熔池中原位制备金属间化合物及功能梯度材料，其微观结构、力学性能和耐蚀性均满足要求。

采用原位制备金属间化合物及功能梯度材料的电弧增材技术，能够得到表面成形好的梯度零件。

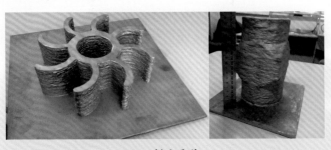

▲ 梯度零件

四、虚拟焊接培训系统

随着计算机性能的进一步提升，基于计算机系统的模拟真实电弧焊的培训系统也应运而生。在虚拟的环境中，操作者产生身临其境的感觉，可与周围环境互动；学员投入到设定任务中，学习焊接操作要点，并能应用到实际焊接工作中，加速培训进程，拓展焊接技能。

林肯电气上海（管理）有限公司推出的 Vrtex360 系统代表了新一代焊接虚拟培训，能够快速高效地培训焊工，吸引学员融入焊接培训。Vrtex360 系统能促进高质量的焊接技能和焊接身体姿势向实际焊接高效转换，同时相比传统焊接培训，能大大减少材料浪费，它将仿真焊接熔池、弧焊声音和实际反馈相融合，与焊工的工作相连，提供了轻松愉悦的动手培训体验。

▲　虚拟焊接培训系统

五、智能化焊接装备和检测系统

TPS/i CMT 系统

伏能士CMT（冷金属过渡工艺）是极为稳定的弧焊工艺，热输入小，电弧稳定，飞溅少。2017年，伏能士将改进的CMT工艺与智能化焊接平台TPS/i系统相结合，其创新产品TPS/i CMT适用性广，采用基于脉冲波形控制，具有更高的控制速度和精度，实现恒熔深和短弧脉冲控制。该系统操作简单智能，尺寸小而轻便，送丝准确，显著提高生产效率。

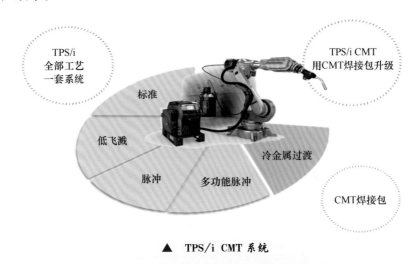

▲　TPS/i CMT 系统

超高频方波强脉冲电弧焊接新工艺与装备

超高频方波强脉冲焊接装备可实现多种工作调制模式的稳定输出。复合超高频方波脉冲电流的整体解决思路如下图所示。该方法具有的特点是：电弧收缩，能量集中，增强熔池流动性，消除气孔缺陷，细化晶粒组织，改善力学性能。

　　同时，超高频方波强脉冲电弧焊接是一种全新的优质高效焊接方法，焊接过程中产生的独特电弧超声和高频效应，可保证实现高强铝合金、钛合金、高强钢及高温合金等材料的高质量焊接。

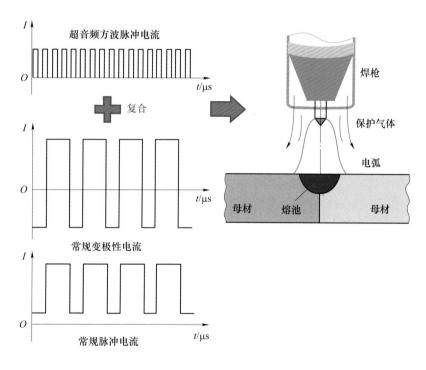

▲　超高频方波强脉冲电弧焊接新工艺

大数据管理和分析技术 WeldCloud™

　　随着工业 4.0 的发展，焊接生产和工艺逐渐多样化。如何通过有效途径让焊接作业不再受到时间、地点和操作人员技能水平的限制，对现代化企业都是巨大挑战。伊萨公司推出的 WeldCloud™ 是安全可靠、可扩展的焊接数据管理平台，运用大数据管理和分析帮助持续改进焊接作业。

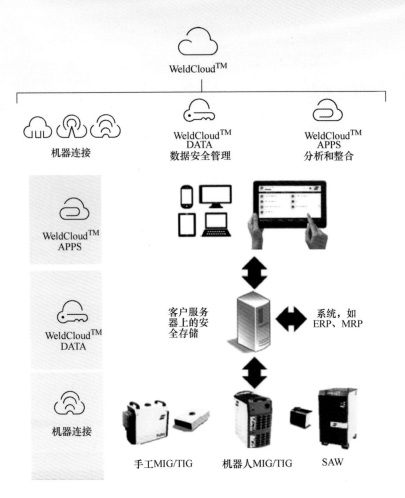

▲ 大数据管理和分析技术 WeldCloud™